自我发现与重塑的
12个情商练习

内在探索

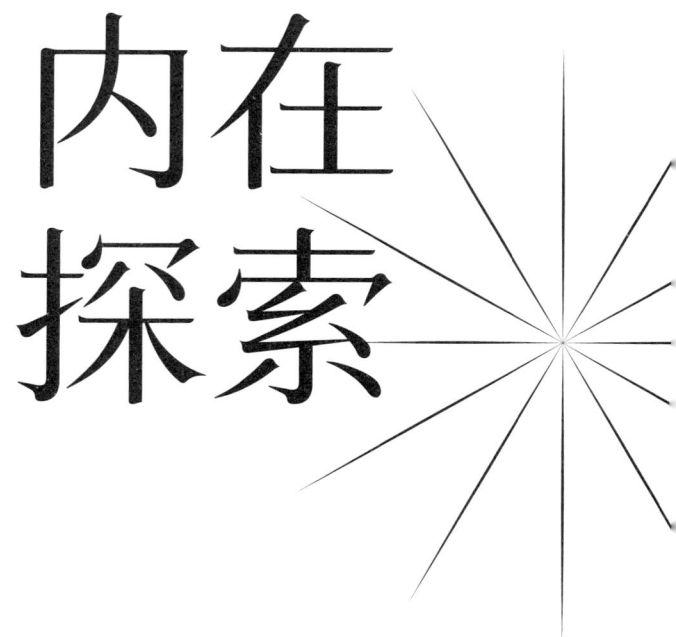

[美] 米歇尔·内瓦雷斯（S. Michele Nevarez） 著

谭言红 译

中信出版集团｜北京

图书在版编目（CIP）数据

内在探索：自我发现与重塑的12个情商练习/（美）米歇尔·内瓦雷斯著；谭言红译. -- 北京：中信出版社，2023.11
书名原文：Beyond Emotional Intelligence：A Guide to Accessing Your Full Potential
ISBN 978-7-5217-5854-2

Ⅰ.①内… Ⅱ.①米…②谭… Ⅲ.①情商－通俗读物 Ⅳ.① B842.6-49

中国国家版本馆 CIP 数据核字 (2023) 第 136053 号

Beyond Emotional Intelligence: A Guide to Accessing Your Full Potential
ISBN 9787521758542(cloth)
Copyright © 2022 by John Wiley & Sons, Inc. All rights reserved.
Authorized translation from the English language edition published by John Wiley & Sons Limited.
Responsibility for the accuracy of the translation rests solely with China CITIC Press Corporation and is not the responsibility of John & Sons Limited.
No part of this book may be reproduced in any form without the written permission of the original copyright holder,
John Wiley & Sons Limited.
Copies of this book sold without a Wiley sticker on the cover are unauthorized and illegal.
Simplified Chinese translation copyright © 2023 by CITIC Press Corporation.
All rights reserved.
本书仅限中国大陆地区发行销售

内在探索——自我发现与重塑的12个情商练习
著者：　［美］米歇尔·内瓦雷斯
译者：　谭言红
出版发行：中信出版集团股份有限公司
（北京市朝阳区东三环北路27号嘉铭中心　邮编　100020）
承印者：　嘉业印刷（天津）有限公司

开本：880mm×1230mm　1/32　印张：11.25　字数：205千字
版次：2023年11月第1版　　　印次：2023年11月第1次印刷
京权图字：01-2023-2177　　　书号：ISBN 978-7-5217-5854-2
定价：59.00元

版权所有·侵权必究
如有印刷、装订问题，本公司负责调换。
服务热线：400-600-8099
投稿邮箱：author@citicpub.com

献给我的父亲罗伯特·卡里萨莱斯：
愿这一路的挚爱、感恩和错过的深沉遗憾——我出生，
你离世——消融于觉知虚空处。
愿我们相逢在无来无去、无遇无离之地。
愿我们都能相遇在觉知的敞开地带。

目 录

序言 V
通往自我超越的内心之路

引言
视不至，思不至

大脑与情绪 003
情感与自我 007
创造最佳内部条件 011

第 1 章
情绪智力的进化

商业与情绪智力 019
人人都应掌握的技能 023
情绪智力新模型 027
情绪的科学 032

第 2 章
"12 个自我发现"简述

灵感与科学 041
12 个自我发现 045
重构观点和认知 085

第 3 章
我们自身的影响力

施动性感知 090
感知的流程 099
我们能改变自己的视角 107
在刺激与反应中发挥施动性 113

第4章 你是一切经验的来源

感知是宇宙的原点 129

我们就是自己的参照系 132

自我：具有施动性的我 137

我们的目标感与存在感：一对天然的心理"保险" 138

第5章 不必把自己的想法当成现实

注意力练习 145

我们创造的意义 150

保持记录的习惯 153

效价、突显性、快速性和持续性 155

被困扰的心理 160

第6章 你关注的会成为你的现实

注意力与觉知 165

当下以外的现实 167

觉知矩阵 168

觉知能力的认识与应用 176

第7章 证据与偏见

感知：物有千面，各有所见 202

"查漏补缺"偏见 204

感知和认知重构策略 207

纠正"查漏补缺"偏见 211

清空"头脑垃圾" 212

心理卫生 214

看到自己和他人最好的一面 216

第8章
幸福是一种心态

打破行为惯性 227

习惯和行为是许多时刻的动力 232

将情绪转化为能量 237

第9章
真言、隐喻及导图

真言 243

隐喻 244

导图 245

让真言、隐喻和导图为你所用 247

身心导图 250

第10章
培养基于情绪智力的思维习惯

安静！我在追兔子。嘘！ 267

身心问题的应对方式 271

为改变习惯创造合适的内外部条件 275

处理自己的外界阻碍 280

处理内心障碍 289

第11章
重新理解和应用情绪智力

大脑中的目标与结果 306

我们的途径：自己的内在向导 309

衡量情绪智力意义的新范式 316

注释 325

致谢 331

译者后记 335

序言
通往自我超越的内心之路

我们都有自己的习惯,但我们往往不会花时间,至少不会花很多时间去思考这些习惯起到了什么作用,或者它们对我们和周围人的生活有什么影响。就拿我的外祖母哈丽特来说,她的思维习惯造成了严重后果,但她在恶劣的环境中挣扎求生时,这些思维习惯作为应对机制,又分担了她肩上的重担。她和她兄弟是双胞胎,生于20世纪20年代,出生时她的体重只有3磅[①]。照顾这对双胞胎的护士没指望他们能活下来,于是把他们带回了家,在那里,她喂他们喝羊奶,让他们相互依偎在铺了棉花的雪茄盒里。为了保暖,这个盒子放在一个有支撑的敞着门的烤箱里。毫无疑问,这像一个童话故事。在之后的人生中,哈丽特遭受了一系列的"精神

---

① 1磅≈0.45千克。——编者注

崩溃"——人们说出这个词的时候总是压低音量或轻声细语。据说她其中一次崩溃是在生下第五个孩子——我母亲之后。每次精神崩溃时，哈丽特就被送到温泉镇，我以为那里是一个让客人泡在天然温泉中保健养生的度假胜地，后来才知道不是这样的，它实际上只是怀俄明州的一家精神病院。病人在那里进行休克治疗的整个过程都要饮下含大量药物的鸡尾酒。据我们所知，哈丽特的抑郁症状只出现在每次生完孩子后，或她辛劳地在只有四个房间却没有自来水的旧房子里抚养五个孩子时。令人痛心的是，我们永远不知道是她的"精神疾病"先出现，还是她接受治疗的"疗法"先出现。

由于每个人都有自己所处的独特环境和背景，我们在其中发现自己，因此我们必须在这个世界上走出自己的路。我们可见的习惯来自自己的生活环境和经历，但让一切运转起来的，是无形的思维习惯、我们的感知和我们对感知的理解。虽然负责"经历"的主要是我们的大脑，但推想我们可以干预什么则取决于我们自己。像试着玩一套卡特扣（Cutco）刀具那样，我们经常发现自己需要面对充满意外和不断变化的环境，并且不得不与自己和身边人错综复杂的生活纠缠。然而，我们没有接受过任何正式训练来驾驭生活中的神秘细节，尽管这些神秘之处代表着我们每天醒来时会看到并将面对的绝大部分生活。不过，我们把习惯打造成了生活的盔甲，我们尽力过好生活，合十祈愿，希望今天不是崩溃的一天。我们的每一个习惯都有多个或至少一个目的，它（们）是我们无意识地构建并依赖的应对机制，但往往因形成太久而不合时宜。当理解并适应环境时，我们会持续停靠在经历岸边的惯性点上。这也说明，我们每个人都是信念结构和意义产物的接收者，从我们出生开始，它们就在各种环境下影响着我们，既包括我们共有的，也包括每个人独有的意义生成谱系。

就像我们大多数人在人生不同阶段所经历的那样，哈丽特的生活环境超出了她应对生活中毁灭性精准打击的能力。哈丽特高中一毕业就结婚，随后立即陷入赤贫的生活中，她辛苦劳作，处理着她之前从未遇到过的情况，这让她背负了巨大压力。按照一般故事的发展，毫无疑问，她和她的双胞胎兄弟本应该在成长的过程中倍受宠爱，这才是对他们千辛万苦地来到这个世界并与之保持微妙平衡的回馈。然而，当她的丈夫，也就是我的外祖父，从第二次世界大战的战场归来后，哈丽特就接二连三地生了许多孩子。外祖父本打算像他父亲那样上达特茅斯学院，但看到自己有责任照顾一个不断添丁的家庭和努力维持他们残缺生活的妻子，他从战场上回来就承担起了家庭农场的日常劳作。在这种情况下，没有人有成功的可能，但无论如何，每个人都必须尽自己最大的努力。毫无疑问，这是一种熟悉的重复，在我们生活背景的映衬下时而低柔，时而响亮。每个人都承受着生活带来的伤害，就像一勺吐根，我们把放在嘴边的吞下去，相信它利大于弊，也清楚这样做的后果。

对哈丽特来说，这些生活困境造成了她古怪而不稳定的心理状态，更不用说一系列很特别的习惯了。这当然不是她有意的策略，但她不同寻常的习惯帮助她渡过了人生难关。当现在亲切地回忆她时，我们就会想到她的这些习惯。如果她的故事和故事中出人意料的词语组合不能让你大跌眼镜，那么她古怪的收藏习惯肯定会。一进她家，迎接客人的可能是一具躺在储藏室洗衣机上的腐烂的鸡的尸体，对即将发生之事的猜想简直会阻止客人脱下他们的鞋。哈丽特会把刚烤好的巧克力蛋糕藏在文件柜里，可能她认为没有人会发现，尽管最后每个人都发现了。她建造了一个由花花绿绿的铸模和水晶组成的小花园，然后把它们放在冰箱里，和每天吃的食物放在一起。另外，从小到大，我妈妈都得把衣服从冰箱的冷冻室里掏出来，因为哈丽特随手就会把洗好的衣服放在那儿，衣服被堆得歪歪扭扭的，旁边是用纸包着的几块冻肉。每天早上，我妈妈都要从冰箱里掏出衣服，然后解冻，烘干，熨烫（如果这些衣服还有希望在衣柜里重生）。想象一下那些经历让我们做好了什么准备。

哈丽特还有一些精辟的话，我们现在亲切地称之为"哈丽特语录"。在我表姐英年早逝之后，全家人聊起了我女儿索尼娅即将出生的话题，这时哈丽特说出了以下"至理名言"："你的潜力只有这么大，仅此而已。"然后她用舌头抵着上腭发出"咔嗒"一声，好像她正骑在马背上，向马发出"驾"的信号，命令它继续前进，然后她仰头大笑。桌边其他人悄悄地交换着紧张的眼神，谢天谢地有人打破了这令人不安的沉默，建议我们把绣在婴儿毯上的词语组合起来理解她的话。这是一个好坏参半的选择，因为这句话和哈丽特最喜欢的另一句话——"你连上帝给苏打饼干的感觉都没有！"——一样，如果这句话是对着你说的，你可以肯定这不是一句好话。

就像我们在生活中接触的许多人一样，你和哈丽特的谈话更像是一种单向对话，她的话语中穿插着反问句，但其中一大半她并不想听你回答，尽管你可以点头表示同意。她经常不停地讲关于"徽章长椅"的故事。小时候我以为她口中的"徽章长椅"指的是某座庄园中一个供人们休息和避难的地方，就像在捉迷藏游戏中被追逐时经常躲藏的地方一样。讽刺的是，在这种意义下它确实是。实际上，"徽章长椅"是她对怀俄明州某个不知名的小型农业社区的称呼，那里只有 23 人，当时她和她的家人住在爱德华兹家族的农场。有

序言 | 通往自我超越的内心之路　　IX

时她还会全神贯注地讲威伯罗斯（Werbelows）的故事，许多人误以为那是神话中的生物或是一种土拨鼠，事实上，她指的是姓威伯罗（Werbelow）的邻居一家。虽然哈丽特的一生遇到了种种困境，但她还是挺过来了，而且还胜过了很多人。她比我外祖父多活了10年，在感恩节那天去世，享年88岁。

就像哈丽特一样，我们都被一只任性的甚至有时是残酷的手把控着，这只手拿着一手对我们似乎非常不利的牌。当我们尽力保持一切正常时，我们经常发现自己丢下了我们再也抓不住的东西，但又在试图辨别哪些牌要保留、哪些牌要丢弃、哪些牌该怎么玩的过程中，不断增加不匹配的条件和组合。同样，我们每个人都要弄清楚自己和自己潜藏的大部分思维习惯在哪些方面没有被观照，因为它们能预先决定我们的行动，并将其付诸实践，从而决定我们的人生结局，也提醒我们在输赢得失的记录上已经做出的选择。

我们都有各自的习惯，虽然你的可能和哈丽特的不一样，但它们在你的生活中也会起到一定的作用。不管它们是乏味得像例行公事一样，还是以故事和信念的形态出现，以帮助我们应对生活，我们都确实有着自己的习惯。我们开始依赖于一系列的习惯，它是我们的意识召之即来的随从。然而，在习惯想达成的各种目的中，我们的大脑和身体在设计上最关注的是保存并有效利用我们的身体资源。因为我们的大脑一直在推测和预估接下来会发生什么，它会调整储备负荷的平衡。大脑的一切感知都需要提高代谢，比如有意识的思考或关注，这样就得付出更高的代价。习惯可以通过绕开对意识参与的需要或许可，部分解决这个问题。

通常，我们认为习惯与我们的日常生活模式有关，比如我们是否会在会员资格到期前至少去一次健身房；我们是否会一边喝完最后一瓶酒，吃完最后一颗巧克力花生豆，一边疯狂地看完一部英国侦探剧。我们有些人可能会渴望减少每小时的咖啡因摄入量，或减少点开口袋神谕（我们的社交媒体应用程序）的次数，而经常点开这些应用程序就是为了满足我们无法控制的冲动，总想看看谁点赞、推荐或忽略了我们的最新帖子。我们当中，谁没有激动地翻看过本周最新的短视频呢？谁不是一劳永逸地在睡前去解决让数百万人夜不能寐的问题，每天尽职尽责地查看领英上的动态，以发现到底是什么造就了一位优秀的领导者？确实，这方面有无穷无尽的文章和图书，让我们看起来没完没了。

同样，很多文章提到了改变习惯的好处，它们主要是从战略战术的角度认为，我们可以逐步将自己能预测的反应转移到外部环境和背景中。然而，正是我们自己心灵的内部景观提供了关于思维习惯最丰富的线索，这些思维习惯最终塑造了我们外在或可见的习惯。这本书试图揭示的就是我们感知和解释的习惯如何构建并传递我们对感知内容的理解，以及我们如何根据理解来采取行动。作为读者，你将了解到，你的言行、思想如何在很大程度上成为一种习惯性表达，这种习惯性表达体现出大脑如何被设计用来理解与体验相关的动态内容；你的思维习惯是默认的，它是如何成为你体验自己、他人和你周围世界的来源。你将学会与自己的觉知和它的各种特质发生联系，作为你在当下时刻变换你有利位置的主要载体，以及你对接下来将要发生的事情的观点和阐释。通过发展自己的有意识的觉知能力，你开始把自己看作一个施动者，能分辨出主导意义阐释的思维习惯会在何时阻碍你的正确理解。你会知道在复杂的感知里，你可以更多地让意识参与，这也被称为体验的连续无意识过程。当学会把自己的认知和具有更高心理敏锐度的感觉过程联系起来（后者又可称为"有意识的觉知"）时，我们就可以更多地将自己所期望的行动和结果与我们所设定的目标之间画上等号。至少，我们可以知道自己是否有能力影响我们的内心。当对自己的存在有了更清晰的认识时，我们就会知道如何行动。如果无法去除阐释的阻碍，那么至少可以减少它的阻碍。当然这不是一劳永逸的，而是在每个当下，我们的感知都这样要求我们。

本书将向你介绍很多框架和方法，每一种都旨在为你提供实用的策略，提醒你对自己有什么影响力，以及如何在当下最好地运用这种影响力。"身心导图"和"12个自我发现"都是为了帮助你揭示并有效运用思维模型，并让你知道，你在理解感知时叠加了自己的阐释，相应地也影响了你的自我认同和社会认同，还会帮助你追溯、呈现体验世界的方式以及与他人和自己发生联系的方式。你将了解到，你的每一个组成部分如何构建你的整体目标感、能动性和幸福感——当你理解你的体验时需要借助这个构想。当你学着运用新的思维方式和关注方式[1]时，你会从新的视角获得洞察力，知悉自己如何成为各种体验的集合体，如何成为自己体验的创造者。不管经常用来构建和理解生活的思维模型能否反映你的优先选项和关注点，你都将学会运用自己觉知的各个方面，对它们进行更准确的预估。如果这些思维模型还不能反映你的优先选项和关注点，你将学到如何接近自己的觉知，以此来改变你的观点，并发展出新的方法来解析你所选择的意义。

当开始这段内心旅程时，你就能很清楚地判断，你反复运用的心理结构能否给你带来想要的结果和融洽关系，你就能更有意向性地、更明确地认知自己在如何习惯性地理解生活。同样，你可以有策略地创建外部条件，使之强化和提升有利于自己的行为习惯，以相同的方式，你还会学到如何在内心创造这些条件。通过熟悉、观察你自己觉知的特质和表现，借助心理施动性，你对自己的影响力也会增加。心理施动性就是开启你全部潜能的大门。简而言之，我们将探究如何把自己习惯性地归因于感知的意义引入一条拥有自己动力和生命的轨道——无论好坏，在那里，你都有机会干预自己。

我们虽然意图清晰，但经常会对需要持续努力的事情逐渐减少关注或者迅速失去兴趣，这种情况很常见，因而我们一旦注意到兴趣衰减就要充分激励自己去实现目标。我们面对自己的内心动态与人们面对全球气候危机或各种社会经济和政治分歧（危机和分歧几乎深入全球每一个社区）时普遍采取的低风险态度并无什么不同。也许这是因为我们没有完全理解我们的习惯对个人以及我们在这个星球上的整体生活质量的重要性，或者是因为我们的习惯还没有与大脑发生联系，而大脑的主要任务是评估和优先考虑我们身体的即时需求（这是它的自然倾向）。换句话说，我们不会立即知道自己的感知、解释与我们在个人和社会层面反复得到的结果之间的因果关系。它类似于在我们自己和我们与他人之间出现的不受遏制的分裂与对分裂的漠然叙述，这种脱节造成了我们与他人之间，以及我们自己内心的越来越深的裂痕。

如果这本书有希望呈现出它可能具有的优点和积极效果，那么它也一定可以作为我们每个人的起点，让我们去拆解、重构那些揭示事物内在状态的思维模型，而内在状态是事物外部状态的起因。我虽然在政治或社会正义领域没有任何背景，但我认为对任何社会分歧核心的社会和集体叙事的应对机制与个人叙事和思维习惯所需的应对机制没有什么不同。思维习惯会阻碍我们成为自己生活中的真正个体，毕竟，它是我们给自己讲的故事。这种习惯性的感知方式是构建我们生活模式和主题的核心，让我们与之同谋，并处于模糊的舒适区。我们的思维模型携带着让我们与他人和与自己分隔的种子。在社会层面上出现的基本上是同样的僵局，只是范围和尺度比我们每个人的内心层面更广。我们为了达成改变的意图而安排的外部条件，如必要的政策和结构变化，会持续遇到障碍和阻力，除非我们试图消除个体感知水平的混乱。这是一个兼容的价值主张，不是二选一，而是两者必须同时发生。

考虑到感知是复杂的、微妙的，我冒昧地从生理和心理的角度构建了一个工作模型，试图捕捉感知过程和结果，我将其称为"感知价值流程图"（value stream map of perception，简写为 VSM）。如果你想知道什么是感知价值流程图，它可以被简单地描述为一个从精益过程管理衍生出来的方法，旨在能够可视化地映射从开始到结束的整个过程。这是一个灵活的机制，它使我们能够在一种单一的视觉快照中看到整体布局和相关细节。这种巧妙的方法概念化地研究了任何给定过程的要素，并能让各阶段间隐形的关系、产生的障碍、获得的效率、冗余和优化机会可视化。它使我们能够将那些一直在我们面前，但因过于接近或过于遥远而看不见也无法产生恰当联系的事物概念化。通过描绘以其他方式无法触及的事物，我们开始看到模式、主题和各种细微差别，它们将我们的视线引向任何给定系统的内部运作和潜力。以感知和我们的思维习惯为研究中心，我们会发现自己可能一直受阻或偏离轨道的地方，然后就能发现自己对这个过程有哪些直接和间接的影响。

有什么比影响自己人生结局的能力更重要？我想不出比影响我们基于感知产生的思想、言论或行为更相关或更重要的事情了。你能想到吗？在这本书中，我将向你介绍感知模式背后的机制，以及你如何习惯性地理解你所感知到的事物。作为一个观察者和见证者，你能看到自己生活和人际关系中不断涌出的结果背后隐藏的是什么，你将练习去关注你归因于"经历"的意义。通过这种练习，你将了解影响自己行为和习惯的潜在因素，它们可能在无意识中已根深蒂固，包括前意识的那些感知因素。如果你能发现并训练与体验相关的影响力，你会站在一个更恰当的地方去做对你来说最重要的事情。如果对你来说，在自己的生活中拥有影响力和效率很重要，那么你很幸运，因为这正是这本书会带给你的。你的训练能让你重建自己的心灵根据地。

有了这些目标，你就有机会探究，阐释重叠在哪些地方可能产生阻力而不是助力。你会看到你在每个拐点采取行动的恰当位置。此外，大脑通过你的感知行使管理，相应地，你也向大脑提供了每一条线索，这两者间有离散的可能性。我们可以选择继续以惯常的方式度过多变的生活，也可以迈步朝着对我们和我们周围的人更好的方向前进。每一步都在邀你磨砺自己的观察能力，发掘和建构自己的思维习惯，并研究对觉知的自省和观察的能力。通过严谨的自我发现，你将练习运用内在的智慧，同时揭示习惯性地理解"体验"的有害影响，学习如何形成更有益的体验。当洞察了如何去发现并处理那些无益的心理模式时，你就会尝试练习新的方式，通过它们产生更好的反馈和结果。这些方法带来的好处大于坏处，帮助大于阻碍。

引言

视不至，思不至

大脑与情绪

如同科学家曾在一滴水中发现了一个完整的微生物生态系统，我们也发现我们自身是一个蕴含各种可能性的小宇宙，随时以多变的方式和不同的组合动态地加以呈现。列纳德·蒙洛迪诺（Leonard Mlodinow）在其作品《弹性》一书中写过，人脑的绝妙之处在于，它有自下而上的思维能力或弹性思考能力。这种新颖、具有创造性的思维过程潜伏在大脑中，它会激发似乎有无限可能的连接，从而产生独特、新奇的想法和超出预期的创造力。

大脑如何具有自由联想和发散性联想的能力，仍旧是一个难以解开的谜题，并且直到现在，这种能力在人类颅骨之外还无法被复制。大脑的弹性思维能力催生了人类最伟大的创造，与之一致的是我们的大脑还有无与伦比的模拟现实能力，把构成知觉的各种基本元素整合在一起。我们每个人都有在现实世界中生活的体验，但其实我们完全生活在自己的思维空间里。

虽然我们对外部刺激似乎会毫无例外地做出应激反应，但实际上大脑是在对其模拟的现实世界产生反应，这与我们体验到的感知和情绪相反。根据最新一项神经科学的研究，大脑会根据以前的经历预测出之后可能发生的事，以让我们提前做好应对准备。大脑会实时对其预测做出调整，弄清错误之处，根据感官和内感受器传递的信息做出新的反应。文字和概念就如同大脑中的"通货"，有了这些"通货"，大脑就能形成认知，包括预测事件的走向以及如何结合形势做出恰当的反应。

莉莎·费德曼·巴瑞特（Lisa Feldman Barrett）在《情绪》一书中多方面阐述了与以上论述相关的大脑机能。如果你对情绪神经科学有兴趣，愿意深研其最新相关研究，我极力推荐你去读这本书。在本书接下来的章节中，我们将探究如何把这些与知觉有关的观点运用到实践中，也将探讨将知觉和情绪视为被建构的经验的新型理解方式，以及这种理解方式如何让我们重新思考和想象"情绪智力"。当在自己的思维领域中航行时，我们就能在知觉本身的构架中注意到，哪些对我们来说是力所不及之处，哪些是我们较有余力之处。

本书从习惯的内在本质入手探讨习惯的改变，向读者介绍对认知与思考的练习，帮助确定并影响读者的思维习惯。从改变视角开始，利用思想来改变思想，利用觉知来改变每件事物，这听着很玄妙。本书重点是帮助读者发展自身潜力，而主要手段不用他处另寻，就从自己的觉知和察觉力开始。通过发展内在向导，即自身内部的智慧源头，你就获得了永不枯竭的思想，并能随时与之沟通连接。只有通过意识，我们才有可能派生出自觉的行动，也才能实施我们的意图。我们能否转换思维方式，理解不同时刻的形势，取决于我们掌握思维之"舵"的能力。

毫无疑问，在提高自我意识和冥想练习的价值并使之融入主流这一点上，情绪智力和更广泛意义上的冥想运动做出了很大努力，还展现出了同理心与同情心的生成效应。但是我相信，在人类向内挖掘、了解意识的内在性方面，我们现在只接触了一些浅显的东西。

需要我们研究的东西还有很多：思维表现意识的方式，以及如何用某些与生俱来却几乎被我们忽略的东西来认识自己。为此，我推荐觉知矩阵，它提供了一个鸟瞰式的视角，不管你以现有能力能否主动意识到相关的身心机能，至少这是一个科学的视角。你还将了解到，自我意识仅仅是人类认知的一小部分，除了它，人脑还有很多有用的认知方式，我们对这些方式已经有所了解，并且会更充分地了解。思维的内在性质始终存在，无论你是否注意到，而这也是本书的出发点。

接下来我们将从个人化和实用性的角度探讨改变习惯这一话题。本书强调，要培养和训练我们的注意力去发现其自身的惯性模式，通过优化选择，解释人的内在习惯与外在习惯间的相互影响，以及造成这些习惯的不同环境。你需要随自身的思维习惯来寻找特定主题和线索，并留心在该过程中，自己是如何思考、理解自身的经历以及相应的反馈行动的。通常情况是，我们会察觉到一些外部事件或环境扰乱了自己的平静思维，阻断了幸福感。

虽然我们已经知道，我们的各种情绪是对外部刺激产生的既相互独立又具有普遍性的反应，但近来神经科学的发现告诉我们，这只是表面现象，类似我们学过的情绪是怎样产生的，我们又是如何做出反应的。更准确的说法是，大脑主动对我们的知觉和情绪进行整理。不过，有意识地意识到我们应该如何解释和采取与大脑预测相关的行动，是我们在这件事上有发言权的地方。

无论我们是否能察觉到自身情感是由外物触发的，是否对自己的感觉过程有更准确的理解，我们每个人都依赖于大脑的持续运转及其对现实的不断模拟。当内感受器感觉的突显性或效价上升到我们能够意识到的水平，并且我们的大脑认为这些感觉足够重要，需要赋予它们意义时，输出的信息就是我们的情感，但这些信息不一定显现为我们能自觉意识到的某种情感。不管看起来怎样，我们都不会直接受外界环境的影响，而是被我们自己对环境的感知所支配。我们将了解到更多知识，尤其是与"12个自我发现"相关的知识：在真正意义上，我们是所有自身经验的共性的集合。最终，我们成了自己所思所感的受益者，而我们对自己所思所感的理解和反应，会直接或无意地影响别人的生活，这些人也是这个过程的受益者。心理模式赋予并塑造了我们理解自身经验的方式，因此，我们应该找到实用的方法来看待这些模式，正确认识自己对现实的感知。

情感与自我

通过这本书，你将能够识别、反思自己的心理模式和信念结构，它们能够影响大脑预测和理解感知的方式。有意识地运用这些信息，一切将变得有所不同。我们将使用身心导图和12个自我发现来发掘我们习惯用来创造意义的心理模式。你将会注意到激励和驱动你的东西，不仅有生理上的，也有心理上的。我将这种神奇地将我们吸引到具有突显性、让我们感兴趣的东西上的引力称为"la chispa"，这是西班牙语，意为火花或火焰。La chispa 不仅代表着保持最佳身体状况所需要的东西，也是心理健康发展的必要条件。以我自身的经验和多年指导他人的经验，我发现产生这种吸引力的缘由从来不是单一的，往往有很多个，这些缘由会随时间的推移而变化，并且这种变化取决于我们所关注的不同生活领域。事实上，这些缘由的出现与我们所处的环境有关，并且往往是我们期待发生的。但是，除非有意识地去发掘自己生活中每个关键领域的决定因素，否则我们仍然意识不到 la chispa 和我们的心理模式所发挥的作用。即使我们忽略了 la chispa 的存在，它也在我们体内继续噼啪作响，迸发出火花。它的火焰以一种我们无法忽视的力量熊熊燃烧，回应我们的身体不断向我们发出的信息。La chispa 在我们的一生中为我们挑选，因此，我们必须发现它的路径和内部运作规律，否则即使它在我们体内持续活跃，我们也不一定能意识到它的影响。

　　La chispa 给我们提供了一种通俗易懂的方式，来指代那些在科学术语中被称为"情感"，或在心理层面上被称为"动机"或"驱动因素"的事物。我们认为，情感是我们内感受器的副产品或结果。它是我们所体验到的知觉，是某种具体情感的前兆，也是效价的来源，要么把我们吸引到自己喜欢的事物上，要么使我们远离我们不喜欢的事物。我们的情感作为一种自我平衡的神谕，首先记录我们的内感受器感觉，并把这种感觉标记和定义为某种处于愉快、中性情感或不愉快范围内的感受，然后我们的大脑就会依据识别到的情绪做出相应反馈。虽然并非所有被记录下来的情感都能被我们意识到，但它们能引导我们的大脑完成"身体平衡预算"工作。这个术语被莉莎·费德曼·巴瑞特用来描述在其作品中大脑所负责的调节身体代谢资源或能量来源的主要工作，我在本书中将其称为"身心导图"或"身心健康"。

据我所知，神经科学还没有将情感的好伙伴"自我"运用到身心平衡的建立中。我将"自我"在这个语境下定义为我们普遍而持久的、对自体的觉知，它是从根本上驱动我们采取自我保护机制和探究意义的关键心理要素。这种对自体的觉知会使我们认识到自己是这具身体和心灵的"所有者"，并依靠这种认识，以一种原始的、几乎是毫无察觉的方式在这个世界上度过一生。至少在一定程度上，正是由于情感的持续表现，我们才能够建立起这种认识，觉察到我们周边的事物，并有意识、凭意志地做出选择。此外，正是由于我们有能力理解这一点，我们的大脑才会首先从感受中提取经验，并将其记录下来。知觉与主体意识是否密不可分，主体意识在生命终结时是否随之消散，主体意识是否独立于身体而存在，这些问题至今尚无定论。然而不可否认的是，目前为止，每个人的体验仍然是作为一个主体意识存在于身体中的。我还没有遇到任何一个人无法觉察到这种体验。因为这种知觉的能动性，我们获得了寻求人生目标和意义的本能，它是我们采取行动时的心理依据，照应我们存在于现实中的身体，同时扮演着与生俱来的支持者和热情洋溢的提倡者的角色，在我们生命中的情感火花减弱时给出信号，让我们重燃激情。无论是不是有意建构而成，我们的自我意识都广泛地存在于过去的经验中。虽然看起来是因为"自我"的存在，我们才能切实地感知到自己存在于这个世界上，但考虑到我们经验的形成过程，它似乎只是为了成为这具身体在心理和生理功能上的"所有者"，继而通过调动意识能力使感知周围的事物成为可能。我们身体的一部分反映了心理需求，尽管它们是暂时的。与此同时，我们的情感和意识既是思维地图又是地图的导航系统。在接下来的章节中，我们将一起看看最新的神经科学研究结果，但不会一一详解。

就本书而言，我们将主要从实质性的角度来探究事物，我们认为，事物的表面可能与其实质不同。我们作为"自我"的存在，以我们称为"自己"的身体游历人间，这是我们必须面对的事实。忽视这件事是愚蠢的，因此，我们需要接受它，让它学会与我们的思维习惯和内部引导系统协作。在这个系统中，我们的情感表现为情绪，而我们的意识自然而然地成为引导自身感知的首选。通过审视你的驱动因素（你行为背后的心理动力），你将发现自己是如何习惯性地优先考虑你关注的事情并采取行动的。随着每一次自我发现都带来新的线索，大脑如何将意义归因于感知这一复杂的谜题就多了一块拼图。由此，你将学会发现和处理那些可能影响你总体目标的心理模式和解释，当它们不利于实现目标时，你可以主动修正。

创造最佳内部条件

你可以尝试以自身所观、所感作为锻炼意识的必要条件。事实证明，我们可以充分理解意识在我们思维习惯的形成和进化中的作用，如同我们理解思维的作用，以及它在我们所做的每一件事中所扮演的重要角色。只有充分理解这一点，我们才能知道，在意识感知和阐释的价值链中，我们可以在塑造习惯和结果方面发挥积极作用。一旦理解了大脑如何刺激我们的感知，并学会从先前的经验和信念中主动塑造经验，我们就能解决在日常生活和决策中发挥作用的解释机制。

我们要将注意力转向思维中无形的内部运作，并意识到它的规律。如果不这样做，就意味着我们的内在习惯一直潜伏在注意力和有意识觉知的背后，从而掩盖了我们体验的整个领域。为了最大限度地发挥我们自身感知能力中的固有智慧，我们将练习提高自身意识的灵敏度，以发现假设、偏见和心理模式背后的东西。我们还应该特别关注叙述如何反映自己的感知、行为、选择的逻辑和意义。最后，本书将研究用以上方法梳理出的线索如何帮助我们理解当前的感知，以及如何影响我们未来的感知、反应和行动。

感知价值流程图

正如你可能已经收集到的，与习惯性的思维、语言和行为相比，我们的意识、有意识的行为和思维习惯发挥着比我们通常认为的更重要也更核心的作用，它们是随时可供我们使用的变量。我们的目标是将我们对以上每一个问题的理解以及它们对我们的生活质量、人际关系和行事结果所产生的深远影响付诸实践。为此，感知价值流程图为我们提供了一个框架和支点，引导我们探究自己的思维习惯，以及我们如何在这种习惯下进行有意识的选择。它绝不意味着对所有目前已知或已被研究过的关于大脑、身体或思维的正确描述，而只是作为一个易使用、可理解和较实用的工作模型，为我们提供一个研究起点。由于我还没有遇到其他可作为研究范式的模型或框架，它的预期作用只是提供感知的可视化表征以及揭示与之相伴的认知和感观过程。就此而言，感知价值流程图并不完美。

我们将向你依次介绍 12 个自我发现。它们既是诊断结果，也是一种工具，与重新评估并转变你的观点和心理方法所需的实践一起，审视那些阻碍或帮助你的心理模式。感知价值流程图概述了感知的组成要素，当我们分析每种要素时，我们将看到自己最可能或最不可能受哪些要素的影响。思维习惯可能直接或间接地影响个人信念和概念，我们会引导你对此进行观察。事实上，通过本书或其他任何知识来源（当然应用其中的知识更是如此），你都可以拓展自己的知识库和概念框架。我们会发现在"有意识地解释"阶段发生了什么，这个阶段是我们利用 12 个自我发现和意识练习来使用心理模式的最佳时机。我们会请你注意自己的反应模式，反复审视自己的思想、言语与行为，以及它们对你自己及其周围人的影响。通过感知价值流程图和 12 个自我发现，我们将找到对行为结果施加影响的最好机会，学会培养最佳内部条件来实现这一目标。最后，我们将探讨人们的自然发展倾向，并根据我们目前与思维习惯的关系，探索我们会在哪些领域更容易取得进步，在哪些领域更容易迷失方向。

12个自我发现

现在，我来介绍一下12个自我发现的背景知识。12个自我发现中的每一个都体现了我们是如何习惯性地感知和理解自身经历的。它们是相互交织的思维习惯，有阻碍也有促进，这取决于我们意识到它们对我们的影响程度。通过审视我们如何分配时间和精力，如何达到预期目的，如何改善人际关系，如何学习新技能、建立新习惯，以及审视我们如何按照自己所信奉的观念行事，12个自我发现中的每一个发现都揭示了我们是如何按照自己的方式前进的，并提供了如何应对困境的心理模式。每一个发现都让我们去注意自己的心理模式和信念结构，我们自己很可能看不到它们，但别人看得很清楚，所以我们对即时体验的理解可能会误导自己。12个自我发现提供了独特的线索和见解，让我们了解哪些事物会阻碍我们，或者我们在哪些方面可能没有达到最佳状态。当我们没有达到自己的期望，或者对应该发生的事情信念不足时，它们就像一个内部晴雨表给我们提供参照。最终，它们为我们提供了一条发现和运用心理模式和反应模式的清晰途径，使我们能够在关键时刻发挥自己的能动性。12个自我发现虽然没有详尽列出潜在的心理陷阱和解决方式，但提供了关于能动性的表述，按照这个表述，我们每个人都能找到必要的手段来改变生活中最重要的部分。12个自我发现提醒我们,要在认知和选择能力范围内,更有意识地做出人生选择。

第 1 章
情绪智力的进化

每一代人都站在以往思想家和实干家的肩膀上，我们往往会从他们对内容、风格和方法的取舍中获益。例如，如果我们没有超越亚里士多德或牛顿的见解，现在会怎么样？在不知不觉中，我们不断地重复吸收前人留存的知识，无论是从我们的老师、同时代的人那里，还是从我们所处环境的集体智慧（甚至可能是缺乏集体智慧的环境）中。在写这本书的过程中，我经常思考，如果科学或量子力学等各个领域的大思想家把思维作为他们的主要研究对象，并严格地用他们万花筒般的公式和分析方法来研究思维的运动与变化，世界会变成什么样子？如果最娴熟的冥想大师将他们的智慧和思维的直接经验应用到对物质世界的研究和行为中，又会怎样呢？如果在两者之间架设一条清晰又实用的连接通道，那该有多神奇？

商业与情绪智力

当青年一代的集体智慧以及那些要求新的领导模式和经

商方式的人开始出现时,以往的领导模式发生了改变——也许改变得没有我们希望的那么多、那么快,但领导模式正在改变。一位与我在投资管理行业共事过的高级领导曾经告诉我,他认为情绪智力是一派胡言,相反,他希望我们所有人都能阅读《从优秀到卓越》。不用说,在培养情绪智力的基础技能和能力方面,他还差得远。自丹尼尔·戈尔曼(Daniel Goleman)出版了他的第一本关于"情绪智力"的书[①]以来,情绪智力的普及势头在过去的25年里越来越猛。戈尔曼的工作就像一座灯塔,为那些在海上迷失的领航者指引方向。

与诸多学术研究领域一样,情绪智力研究也更重视历史上少数名家的声音和想法。其实,这个领域仍然有持不同观点、来自不同背景的专家做着重要而有趣的工作,只是他们的声音相对较弱,我们在很大程度上忽视了他们的存在。改变这一点真的非常重要。要做出改变,既需要我们探究现在使用的模型是如何产生的,也需要评估它们是否充分反映了神经科学的立场和我们对领导能力的完美想象,更需要研究情绪智力本身。例如,在经过实践和发展后,情绪智力能否清晰描绘出有包容性的领导能力(这种领导能力不会破坏这个星球并能为世界利益服务)的愿景?同样,我们需要问自

---

① 丹尼尔·戈尔曼的成名作《情商》一书已于2018年在中信出版集团出版发行。——编者注

己，当前有关情绪智力最常见的表述和框架出现在商业领域，而在此之外，情绪智力发展如何？比如，一个基于对我们大脑和大脑与身体双向关系的理解的模型，看上去会是什么样？

在某种程度上，我们在更新或改进现有情绪智力模型时一定要确保将民主化有价值的东西反映出来，并充分考虑在教育、政务、医学等不同领域讲授和实践这个模型。早期的能力研究曾影响并塑造了丹尼尔·戈尔曼著名的情绪智力模型，自那以后，我们在领导者身上所看重的东西无疑已经发生了变化。从本质上讲，通行的情绪智力结构本身就是一个领导能力或行为能力模型，其后的改进受到了当时对188家全球大型公司能力模型研究的启发。研究过程中大量的自我指涉增加了情绪智力结构的可信度，这意味着它至今仍会引起共鸣，并且此后所做的任何分析都印证着它已被验证的功效。当然，考虑到情绪智力不是由一两种因素组成的，我并不确定它究竟如何运作。我所知道的是，情绪智力由多种行为和技能组成，受到各种因素（如环境）的干预，这使得从符合当前定义的角度去衡量它极为困难，甚至几乎不可能，我们只能以偶然观察或定性的方式去衡量。此外，如果我们在25年后的今天调查相关的公司，了解它们领导能力模型的组成，以及在不同环境中，成功的领导者与失败者的区别，我们就有望找出不同的公司文化所推崇、提倡和奖励的重点。我们可能还会发现一种富有激励性的公司价值观，而不是这些领导者本人所蕴含的品质。最后，我们还会在这些成功的领导者中发现共性，或者在用来描述和指导领导者的能力模型中发现共性。相较于得出结论说这些共性表明了良好或出色的领导能力，更准确的说法是，我们看到了在当今商业背景下常见的领导能力模型中能提升和被重视的那些东西。或者说，领导能力模型的共性反映了从期望出发的共同价值观——这些价值观通常意义不大，除非它们得到有效的学习、应用、评估和奖励系统的支持，否则，领导能力模型也只是期望而已。

与任何在环境中构建或派生出来的事物一样，无论是在实际条件还是在期望条件下，领导能力模型都是在当前我们发现它们的各自环境中被重视和优先考虑的产物。我相信地球的命运取决于平衡商业的价值主张，如果我们渴望对此做出改变，就不能仅从现有的能力模型和经营规范中着手，因为增加股东价值仍然是经商的主要目标。我们应该从"希望什么能发生"的角度着手。我不知道你们是怎么想的，但我希望世界上有这样的领导者：他们不断塑造自己，他们经营的企业是世界利益的代理人，而不是贪婪的代理人。在这方面，我们最好不断创新、不断进步，以造福人类和地球，而不是一味搜刮财富和攫取权力。

因为当前最普及的情绪智力模型是从领导力和商业领域中演变而来的，并且是在领导力和商业领域内发展而来的，所以我们还需要确定作为一种范式的情绪智力在其他环境中是什么样子的，在其演变和主要为之创造的环境之外是否足够重要。如果答案是肯定的（这也是我的猜测），那么我们需要明确，情绪智力的哪些元素能得到科学的支持。这需要给出实用的定义，而不仅是口头或书面的研究。结合这些目标，我们将在本书的最后一章探讨在考虑这些目标和实际情况下，情绪智力可能会是什么样子的。

人人都应掌握的技能

当在 2016 年开始普及情绪智力时，我就有一个扩大受众的目标：让所有人——而不是只有高层领导——都能获得情绪智力的实用智慧。我的第二个目标是将情绪智力理论转化为一种应用方法和实践体系，人们可以在自己的生活中应用它，以缩小认知、行为和存在之间的差距，即弥合"我们有能力认知""根据我们的认知，我们有能力应用""我们是何种程度的具身存在"之间的巨大鸿沟。在这项任务的早期阶段，我看过戈尔曼-博亚兹（Goleman-Boyatzis）情绪智力模型，它由4个领域（自我觉知、自我管理、社会觉知和关系管理）和12种潜在能力组成，然后我想："到底该从何处开始？"[1] 诚然，我们可以渴望精通每一种技能，但我觉得，对一个试图帮助人们获得这些技能的人来说，这是一项艰巨且难以完成的任务，我只能想象学习者会有多么为难。我知道有必要采用一种简化的方式。

我问自己的下一个合乎逻辑的问题是："哪些领域和能力（如果有的话）是打通其他领域、发挥其他能力的先决条件？"换句话说："哪些领域和能力会涉及其他领域，帮助我们发挥其他能力？"我想知道是否有充分、必要的理由来展现情绪智力涉及的各种领域和能力。当开始探索运用情绪智力的先决条件时，我很快发现自己有一个更大的疑问："是什么让我们自身的发展成为可能？"从记事起，我就一直在以类似的方式提出这个问题，而且考虑到手头的任务——创建一种方法论，将我们对情绪智力的相关知识与我们发展、应用并体现它的能力联系起来——这是一个完全合乎逻辑的问题。我一直在寻找这些问题的答案：是什么让我们每个人都能转变和成长？哪些原因和条件可以让我们尽可能长久地做最真实的自己？这也使得我这本书有着比情绪智力更广泛的主题。我那时就意识到（现在也如此），不管为了什么目的，我们采用的方法和框架应该为我们自身服务，而不是反其道而行之。

然而，受制于当时的研究目标，我发现自己又回到了我作为"培养幸福感"的兼职教员所做的工作上，这是一个由理查德·戴维森（Richard Davidson）博士的基金会、健康心智中心以及威斯康星大学商学院职业与高管发展中心联合倡议开发的项目。该项目面向企业受众，以理查德·戴维森博士[2]和沙伦·贝格利（Sharon Begley）合著的《大脑的情绪生活》一书中的观点、方法论和神经科学研究成果为理论基础。该书曾登上2012年《纽约时报》畅销书榜单。同一时期，我在凯斯西储大学韦瑟黑德管理学院攻读积极组织发展与变革的硕士学位。我和理查德·博亚兹（Richard Boyatzis）博士一起上课。他与丹尼尔·戈尔曼一起开发了最早的情绪智力行为模型之一，该模型至今仍在全球被广泛使用。当我发现理查德·戴维森在研究中提到的六种情绪类型（人生观、复原力、社会直觉、自我意识、对环境的敏感性、意识）可与情绪智力的几个领域和能力之间相互作用时，我已有心对此展开研究。不过，我更倾向于理查德·戴维森的观点，因为他的研究不仅为六种情绪类型建立了大脑基础，而且确定了特定的冥想和基于认知科学的实践，如果持续进行，就可以在大脑的基础上推动它们的发展。[3]他的研究为情绪智力的实践和发展打下了科学根基，而这正是当时所有情绪智力模型明显缺失的东西，这让我既兴奋又满怀希望。当然，这并不是他的研究目的，相反，如他所明确表达的那样，他最感兴趣的主题是复原力，以及为什么有些人更擅长应对生活中的困难和挑战。

情绪智力的概念在丹尼尔·戈尔曼的著作中首次出现25年后才开始蓬勃发展，这显然是因为这个概念中的某些东西与人们的经验产生了深刻的共鸣。当我陪同丹尼尔·戈尔曼去欧洲做关于情绪智力的演讲时，许多人告诉我，阅读他的书改变了自己的生活，在某些情况下，甚至可以说挽救了他们的生命。虽然不是每个人都认为情绪智力或者戈尔曼的研究是他们决定留在地球上的理由，但如果可以选择，比起那些没有情绪智力的人，我们大多数人更愿意花时间与表现出情绪智力的人相处。当我被问及为什么会这样，或者确切地说，是什么让那些表现出情绪智力的人有这样的反应时，我试着猜一下：虽然我们可能会听到相似的主题，但不会听到为什么他们会这样认为的共同反应。在大多数情况下，情绪智力仍然难以被简单地解释，但就像无数关于它的文章和图书所写的那样，情绪智力本身正迅速成为一个有利可图的行业。

虽然人们对情绪智力有各种说法，但至今仍没有一个公认的定义来明确它的最终含义或科学依据。因此，我们一直在共同努力，尝试阐明情绪智力的准确含义，并在自身中准确衡量和发展这种智力。这不足为奇，毕竟，我们理解和应用事物的能力依赖于我们定义事物的能力。只有做到这一点，我们才能找到可靠的发展方式，并将其传授给他人，情绪智力也不例外。它依赖于我们从模型（由 4 个领域和 12 种能力组成）中推断出各种行为和技能的能力。一旦我们确定并认可其含义，并在具体实践中加以运用，我们就会有更高的情绪智力。

情绪智力新模型

当开始与丹尼尔·戈尔曼和他当时的团队合作，将情绪智力蕴含的智慧引入人们可以学习、运用的领域中时，我认为我们得把模型中可区分优秀领导者和平庸领导者的先决条件分离出来。我最初的想法是在他和理查德·戴维森的研究之间做一个比较工作，因为我知道这将为情绪智力的先决技能提供一个令人信服的科学基础。那时丹尼尔·戈尔曼和理查德·戴维森刚刚出版了《新情商》一书，这本书主要从正念的话题中整理科学知识，以及激励他们在各自领域奋斗的个人故事。

我最初的一项有明确意图的策略是创建一种方法论来训练和指导想要开发情绪智力的人，而且我根据以下三个因素重新确定了相关领域和能力：（1）是否可以作为先决条件来开发情绪智力中的其他能力；（2）是否与理查德·戴维森的六种情绪类型中的某一种有直接联系（他的研究认为某些冥想练习和认知行为技巧可以开发特定的情绪类型）；（3）是否可以独立成为我们影响自己的能力，换句话说，它的发展和实施不依赖于他人的行动或行为。基于这些考虑，我们的指导和培训计划诞生了。

我试着将"聚焦"作为一项元技能添加到现有能力（自我意识、情绪平衡、同理心、积极的人生观和适应能力）中，这有两个原因：（1）它不在当前情绪智力的框架中，或者说它隐含其内；（2）它是理查德·戴维森所说的六种情绪类型之一的注意力。实际上我更喜欢"注意力"这个词，这是一个更灵活的概念，无论我们关注的是一个点、一个范围，还是二者之间的任何地方，它都能根据我们的能力引导我们有选择地关注，而"聚焦"则意味着将注意力集中在特定对象上。不过，由于丹尼尔·戈尔曼也写过关于聚焦的话题，而我们毕竟是以他的情绪智力模型作为我们的指导和灵感的，因此添上它似乎也是有意义的（更不用说我们管理自己意识的能力本就至关重要)。

此外，比起"自我管理"或"自我调节"，我更喜欢"情绪平衡"这个术语，因为它体现并培养了复原力的细微差别，而复原力是理查德·戴维森在其书中所写的六种情绪类型之一。情绪高度平衡的人具有很强的适应性，既能平衡又富有弹性意味着他们可以更快地平复情绪。此外，他们也不太容易生气，即使生气，也不会那么剧烈。换句话说，他们的情绪更像是情绪雷达屏幕上的一个光点，即使偏离正轨，也不太可能完全失控。就像一张弹性很好的床垫，不会在你起床很久后还留有身体的压痕，那些能从各种生活困境中很快振作起来的人就是有复原力的。虽然我们最终没有在情绪智力模型和直接产生于神经科学理论的模型间实现一对一的精确匹配，但我已尽力尝试对两个模型进行交叉研究。

当审视情绪智力中意义丰富又有持续性的内容时，我承认自己是有偏向性的。在对情绪智力的探讨中，基本技能不仅对开发情绪智力中的其余技能最为重要，对开发我们做其他事情的能力也同样重要。我们将情绪智力中不满足基本技能参数的其他技能称为"情绪智力的人际关系技能"：影响力，鼓舞人心的领导气质，团队合作，冲突管理，成就导向，指导和咨询，以及组织意识。

虽然这些技能可以说是重要的(我曾与许多没有这些技

能的领导者共事,但他们也能升到组织高层),但它们本质上是结果性的,或带有必然性的。换句话说,这些技能是做好很多事情的潜在结果,其中有很多取决于情绪智力的基本技能,而其他技能则取决于特定训练、使用频率和多样化的使用方式。它们易被更新或被其他能力或术语替代,以表示基本相同的事物,或者包括根据语境认为有价值的技能集。但无论我们以何种方式命名其他这些技能,我们都需要依赖情绪智力的一项、多项或全部,才能较好地运用它们。这就像如果你训练好了一条狗,无论你带它去哪里,它都会乖乖听话。与此相关的一个有趣说法(并非我编造的)是:"如果你喜欢狗,你就必须接受跳蚤。"在我看来,这很像学习一门新语言。如果你掌握了基本的结构和语法,你就可以去那个国家,然后迅速掌握更多的词语,很快你就可以即兴发挥了。如果你对基础知识一无所知就试图立即参与讨论,那就只能祝你好运了。如果你只有 10 岁,这可能行得通,但如果你的年龄是 10 的倍数,那就不一定了。

  我之所以花时间讲述自己是从何处着手研究情绪智力的,是因为这本书代表了我自己思想的进展,不仅仅关于情绪智力,还有我对情绪神经科学以及情绪在感知本身中发挥的重要作用的理解。我所受到的情绪智力方面的训练不仅源于我的研究生学习,还源于我 25 年的公司工作经验,这些公司的能力模型有助于表述情绪智力的定义。我负责领导能力模型的实施，并确保人们的表现能够反映这些模型。当我看到事情的发展和我想的不一样时，我意识到，塑造一名优秀领导者与成为一名优秀领导者是不同的价值主张。

我还注意到，领导者之所以未能将他们在概念中学到的东西付诸实践，最常见的原因之一是他们正在接受训练的内容缺乏针对性和实践性，他们也缺乏练习这些新技能的渠道和所需的讨论。我们一贯的教学方式并没有充分考虑到学习者在学习新习惯和技能的同时还需要练习，相反，我们的方法通常强调陈述型或智力型的知识，而不是流程型、操作型或应用型的知识。当运用和学习新的存在方式时，我们往往会忽视创造自身条件和周遭环境所需的支持机制。和智商一样，这种支持机制虽然能起作用，但仅仅是因为你具备用个人发展计划或具有关键绩效指标（key performance indicator，简写为KPI）的组织战略计划来指引前路的能力，并不能保证你会到达预期目的地或拥有一次成功之旅。事实远非如此，它比简单地记录或阐明你的目标要多得多，尽管后者不失为一个好的出发点。只要你不把制订计划与变化本身的突发性和持续性混为一谈，制订计划就能成为很好的第一步。

关键在于，无论我们采用哪种情绪智力模型，它都不应该只是指明方向，而是需要给我们提供具体的实践和方法来配合我们的思想。此外，在决定我们行为的诸多因素中，情绪只是其中之一（尽管它是一个关键因素）。事实证明，我们重新构建和转变感知立场的能力以及我们对所感知事物的理解都对社交至关重要。这就是我们在本书中要深入探讨的部分。无论我们做什么，都不要让情绪智力停留在文字或概念的有限框架或彩色气泡图形里，而是要让情绪智力活起来，在生活中体现它们。

情绪的科学

虽然有许多神经科学家致力于研究我们的情绪如何与我们对大脑的理解相关联，但我最熟悉的是理查德·戴维森的工作，并从他的工作中受到了启发。另外，虽然我最近才开始熟悉莉莎·费德曼·巴瑞特的研究，但她在自己的著作《情绪》中提出了一个关于情绪的构建基础的非常有说服力的案例。此书涉及的领域广泛，包括对人类大脑、情绪和感知本身的历史理解和当代理解。她不认同由三重脑模型构成的典型情绪概念，而是支持整个大脑构建的情绪观，这与我自己对我们在相当复杂的感知和解释过程中需具备什么条件、有什么决定权的判断相吻合。[4] 她给读者提供了一个新颖、复杂但又容易让人误解的主题，所以我不得不逐渐从不再可靠的观点中走出来，虽然有时感觉就像穿着一件让人发痒的羊毛衫一样不舒适，但也不想脱下。同时，当我继续思索她出色作品的实际意义时，我的大脑一直在快速运转。她的书已经在书架上盯着我看了一年多，悄声说着"读我"。要不是我把它从书架上拿了下来，你们正在读的这本书可能不会如现在这样，用丰富而深入的科学观点来阐明实用的见解。我在过去六年中用它来培训我们机构的教练和客户，他们在自己的生活中用它来训练情绪智力。

虽然我不是神经科学家，至今也没机会与莉莎·费德曼·巴瑞特交流过她的作品（尽管我非常想），但我承认我有点儿凭感觉来理解她的理论。我已尽我最大的努力将她研究中的主要观点整合并融入我对自己工作和理论的思考中，因此这些理论在不断发展成熟。当然，我也用自己对现实本质的理解来分析科学，这与我的佛教禅修有关。当我看到神经科学关于感知和情绪的最新发现与我大半生学习和实践藏传佛教所获得的见解之间有显著相似之处，我觉得既不可思议又很有趣——这和美剧新版《银河战星》中的某些主题出奇地吻合（《银河战星》是我男朋友在新冠疫情开始时推荐我看的一部电视剧，我现在完全迷上了它）。这也说明莉莎·费德曼·巴瑞特在如何看待自身情绪方面做出了卓越的贡献。

我试图探讨她的科学见解的实践意义，如果我在这个尝试中有任何错漏之处，我提前道歉。接下来，让我们看看关于情绪的两个思想流派——经典情绪观和建构情绪观。我用自己的话总结了莉莎·费德曼·巴瑞特在其书中的描述。

情绪在我们生活中发挥着各种重要的作用，包括吸引并提高我们对自身信号的注意力。我们的情绪像信鸽一样在大脑和身体之间传递重要信息，并形成一个强大的反馈循环。如同臭鼬的气味会忠实地跟随它的主人，我们的情绪会以身体信号和情感的形式预告它们的到来，似乎是在让我们知道它们的存在。情绪也像臭鼬的气味那样，会给人留下挥之不去的印象。它设定了明确的基调，为已存在的事物创造可感知的氛围。当我们意识到自己的情绪时，它的价值和重要性就会短暂地充斥我们的身体，就像落日，在其闪烁的光芒变为冰冷的蓝灰色之前，呈现出短暂的鲜艳色彩。

虽然我们一直被训练用单一的词语来描述我们的感受，如快乐、悲伤、疯狂、高兴等，但处于压力中时，每个人对这些词的定义和体验是截然不同的。当我们从个体体验的角度看待情绪时，我们描述它们的方式必然是多样化的，不会局限于单一的词语或一种维度的表达。"悲伤"只是一个用来形容整个感官信号复合体的词，其中穿插着在此过程中唤起的心理印象。

建构情绪观与经典情绪观的不同之处在于，建构情绪观认为情绪是被创造出来的，而不是被触发的。此外，它们也没有指纹、脚印或诸如此类的独特的东西，除了体验发生时可能留下的微妙或不那么微妙的心理印记。而且，在不同的人之间，甚至某一种特定情绪（如悲伤、快乐或恐惧）在两种不同情景下，其表达都有很大差异。在这种范式中，大脑赋予情绪的意义主要与我们在不同情形和背景下习得的行为相关，而不是如经典情绪观所认为的，我们只需认识到情绪的普遍存在即可。建构情绪观认为，情绪具有惯性，是对所处环境的反应，而我们是环境的产物。大脑并非一个每次都对某些刺激产生完全相同反应的情绪制造工厂，产生可识别的情绪。相反，当体验到情绪时，你的大脑已经预先发出了信号。在你准备告诉老板你要辞职去竞争对手那里工作时，你的大脑已经准备好了你需要的东西："我要一个超大杯，两泵肾上腺素，高纯度勇气。"但是，当你的老板出人意料地痛哭着告诉你，没有你公司就无法生存，你的大脑就会根据老板的暗示做出调整，采取更符合实际情况的回应："等一下！如果还来得及，我想修改我的订单。请给我一个大杯，两份怜悯，半泵同情，稍微勉强的微笑。"好吧，也许情绪的产生并不太像点饮料，但希望你能领会这个意思。大脑不是仅仅对外部环境做出反应，它还会预测和调整，根据之前的经验和当时的感官输入来校准它的感知。

在经典情绪观中，不同情绪被仔细分类编目，就像各类干花或虫子一样。每一个人，不管文化程度、地理位置、所受教养、所用语言或成长背景怎么样，都"预储备"了一整套的情绪（也可以说是一个"军火库"），包含各种长期持续的、可被识别的情绪，它们带有明显的生理标记和面部表情。这种观念认为，情绪由外部事件触发，我们的反应基于一种大脑模型：大脑的特定区域分别控制情绪和理性思维的高级管理中心，以及"战斗或逃跑"反应机制。同样，回溯到我们的爬行动物祖先，大脑每个不同的区域都永远处于一场"脑–心""刺激–反应"的拔河比赛中。还有一种观点认为，只要我们努力尝试，仅通过认知控制，就可以让情绪顺从自己。

相比之下，在建构情绪观中，大脑会根据类似背景下的先前经验去建构各种具体情绪。我们的大脑会猜测接下来发生什么，在真正知道接下来发生什么之前就会启动响应序列。当大脑根据我们的内感受器和感官输入的信号来校准预测时，它会微调自己的感知并纠正预测错误。在这种情绪观中，情绪没有可被识别的本质，也不能通过特定的面部表情或生物标记来区分。相反，大脑的内感受器网络在简化合并过程中产生感知和情绪，在这个过程中，大脑依靠不同的核心系统产生各类情感。词汇和概念不仅在帮助我们进入语境、理解自己的感知和情绪方面发挥着关键作用，还帮助我们与周围人的体验同步。我们共享现实场景，并在这个场景中有效地与他人交流自己的感知和感受。此外，大脑依靠它的计算学习能力和模仿能力，也能尽责地构建一个新的现实，其中包括我们对自我的感知。

如果我们赋予情绪的意义确实来自我们先前的经验和预期，并被一次又一次塑造的概念所塑造和强化，那么在我看来，我们就可以说，心理模式会影响我们一直以来习惯性地理解情绪的方式。我们可以决定是否坚持大脑赋予的初始意义，以及如何选择才能与自身情绪的实时感官体验相契合。这种前景既令人鼓舞又令人畏惧。令人鼓舞是因为我们可以无视那些规定我们在任何情况下都要联系文化背景的教条，而令人生畏是因为我们可能需要抛弃很多东西，以改造和培育各种更有利于我们目标的体验。无论我们把情绪归为经典观还是建构观，从实际的角度来看，最终的结果大致是相同的。我们仍需探索情绪给我们带来何种感觉，并对产生于情绪之后的感觉展开有策略的研究。尽管如此，这两种理论确实对我们如何处理情绪产生了不同的影响，从而衍生出我们可能会使用的不同策略。如果我们认为情绪是固定的，那么在处理情绪方面我们就没有多少回旋的余地；但是，如果我们知道情绪是被建构的，是流动的，那么我们就可以赋予它们任何我们想要的意义（如果我们养成了这种习惯）。

我们的情绪是复杂的。不管它们是通过何种机制产生的还是我们如何给它们命名，最重要的是，情绪都是我们体验的普遍标志。它们的存在就像一种无形却触手可及的导航系统，引导着我们的反应。但是由于我们看不到情绪，也不完全知晓如何对其进行检测或干预，它们又经常"躲避"我们有意识的觉察，因此我们倾向于对情绪进行重新分类或重新定义。这就是 12 个自我发现发挥作用的地方。它们为我们提供了快速判断我们对情绪的理解是否有效的方法，指出我们可能会陷入哪些常见的心理陷阱，并为我们提供补救措施。我们心理的外在表现以及在我们心理生态系统中展现出来的东西对我们的身心有着深远的影响。更重要的是，我们的情绪会影响我们做决定的方式，我们对情绪的理解会影响我们可能的行动路径。因此，对情绪展开实时调查，对重新解读或改变相关感知立场的能力展开实时调查，就显得尤为重要，与我们对情绪进行概念上的、科学层面的理解一样重要。我们体验情绪的方式会影响我们的人生观，决定我们的成就，以及改变我们的人际关系，无论好坏，这些都反映了我们情绪智力的发展状态。

第 2 章

"12 个自我发现"简述

灵感与科学

12个自我发现背后的灵感源于很多方面，某些领悟归因于我曾接受佛教思想，有对冥想的基本了解，也有指导和培训员工的管理经验，同时我也关注我们在无意间为个人成长和个体幸福制造障碍的常见方式。12个自我发现源于对心理模式的观察和认识，这些心理模式常导致我们被显而易见的事物蒙蔽，除非我们学会以不同的角度或方式来观察事物。在12个自我发现中，有几个（虽然没有明确表述是哪几个）源自我作为"心理框架"教练参加培训时受到的启发。"心理框架"行之有效的方法和技巧来自其创始人，也是我非常崇拜的朋友金·阿德斯（Kim Ades）。我的教练卡拉·里夫斯（Carla Reeves）进一步把我在这种方法论中获得的见解付诸实践。没有他的卓越才能，我不可能离开肠道般错综复杂的美国企业（各家公司总是图方便地把人力资源总部设在美国）——我在这里的回忆如同便秘一样让我总也忘不了。

后来我觉得，与其在一个相当压抑且不适感日益增加的停滞状态中备受折磨，不如跳过耸立在我和恐惧之间的每一座悬崖，近十年后的今天，我仍然坚持这条路。"勇敢地跳下去，接住你的网子将会出现"，这是我过去和现在用来提醒自己要克服恐惧，不要在恐惧中做出决定或采取行动的座右铭。我过去的行动成就了如今的自己，现在我能帮助人们在他们的人生旅程中做出从内到外的改变，对他们自己的生活、他人的生活乃至这个星球产生有意义的影响。

当开始努力向人们普及情绪智力并进行培训时，我们认为"指导"是帮助一个人发挥情绪智力最有效、最便捷的方法之一。正是在设计、开发该计划的基本框架和方法的过程中，我决定阐明这些见解，即所谓的"12个自我发现"。我主要以日志和多年来一直对客户使用的指导模型的形式，阐明了每个发现的本质，并综合了我作为"心理框架"教练的培训经历、我对佛教的研究和实践，以及我作为人力资源主管获得的见解和经验。我在纸上草拟出标题，并绘制出彩色地图，描绘了每个动机驱动因素和行为偏好的连续体和等级，它们影响了动机驱动因素与行为偏好评估的构成范围，该评估体系被优化后包含在我现在所说的身心导图中。

12个自我发现通过心理模式和人们现实状况背后的信念来探索起作用的因素，这不仅为教练和客户提供了一种机制，还成了应用情绪智力的工具，尽管它实际上并不是为此而创建的。当我第一次与团队分享12个自我发现时，我们感触最深的就是它们与发展自我意识的共通之处。从另一个角度来看，我们可以说12个自我发现是开发一个人全部觉知能力（不仅是对自己和环境的觉知，同样重要的还有我们理解自己的感知并据此采取行动的过程）的方法和结果。如今，12个自我发现已成为世界上最严格、应用最广泛的情绪智力指导和培训模式之一，也成为情绪智力指导认证（Emotional Intelligence Coaching Certification，简写为EICC）项目的一部分。自问世以来，它呈现出蓬勃的生命力。我认为这是因为它与人们的经验产生了共鸣，并且还适用于我当初没有预想到的其他领域。

多年来，我们项目的很多在读生和毕业生都问过我，12个自我发现是否有科学依据。由于我提出它们时没有考虑这个问题，它们只是我源于对思维习惯（这些思维习惯让我们深陷困境，同时也是我们改变自己的关键）的观察，因此我还没有从这个角度进行过研究。12个自我发现最初是面向教练和客户的一种思维习惯的构想和表述，用以激发自省和自我发现。这是一种方法论，研究我们如何习惯性地组织对现实的理解，以及我们的心理模式和信念结构可能会在何种程度上阻碍我们自身与让我们处于最佳状态的内在条件。

当现在分享这12个自我发现时，请你们了解，我已经采取了远超于我最初目标的重大举措，即试图从科学的角度来检查和定位每个与其功效有关的因素。我很快发现，从科学的角度来看，我需要数年时间才能完全理解它们的微妙之处和细微差别（我的出版商应该等不了这么久），但这是重要的一步，因为我强调科学、心灵哲学和冥想练习的交叉融合价值，最重要的是它们的综合应用。此外，我自己也想知道 12 个自我发现与各相关学科的联系，这促使我做出了更多努力。可以说，因为做这件事，在如何科学阐明 12 个自我发现方面，我的思考和理解能力提高了，更能抓住重点。在一个或多个要素重叠的大量科学研究中跋涉非常费时，有时甚至让人难以应对。

在筛选相关科学出版物的过程中，我对科学本身做了一些观察。各学科可以共同做得更好的地方是将当前科学研究的见解与它们在我们生活中的实际价值和用途联系起来，这大概就是我们研究各种事物的原因：（1）科学家经常将自己置于他们试图研究的主题之外。（2）可以"安全地"或让人信服地从科学中得出的结论并不多，与证明观点需付出大量努力极不相称。（3）由于可在最佳时机被付诸实践的科学成果很少，因此很难将大部分科学发现推断为切实可行的或可操作的。这很可惜，就像存放在地窖里的美酒，等准备享用的时候，要么为时已晚，要么它很快就被新事物取代了。要提出有综合性的科学见解，需要从一个实际的角度来提炼和总结其他人的成果，这些人不受其在科学界的声誉或地位驱使，而是他们有足够的勇气这样做，即使在已有知识还远远不足的情况下。（4）科学似乎不太关心那些研究各种科学主题的人的主观体验，而是关心得出的结论是否客观，这有些讽刺，因为前者是我们每个人都能直接感受到的东西。所以，人们会觉得人类的经验似乎在这个过程中被遗忘了，或者被升华为实验本身的优先项和严密性了。也就是说，如果不是因为现代科学的发现和那些在各个领域工作的杰出人才，我今天也不会有机会试着将他们的见解转化为本书的实用内容。我进行这项工作，就是为了提供一叶小舟，将我们从经验的彼岸载到我们自己思维的内部，就像一座灯塔，指引我们航行的方向，让我们每个人都拥有将无意识行为转变为有意识行为的能力。

12个自我发现

自我发现1：我们都是公分母

有时候我们需要审视生活中的每个问题，

承认自己就是它们唯一的公分母。

——丹·皮尔斯

第一个自我发现的精髓是,我们是自己一切所感、所想、所说和所做的根源。我们经验的每个方面都是我们自身心理调节的结果,我们通过心理视角体验一切。想象一下,我们是一个非常复杂的实验的实验对象,这个实验的暂定名叫作"生活",它由一群漫画家、科学家、计算机程序员和伊沃克人①在幕后操作。人多反倒误事?随便挑一个,或者任意选择你认为可以在幕后操作的人或物。无论来源如何,我们每个人都被赋予了一组参数,即我们每个人必须驾驭的外部条件。相对于我们各自的情况,我们也有一套与生俱来的品质、能力和潜力。我们所知道的是,我们是平民特工的一员,每隔75年左右接受一次新任务,有时时间会更短,具体取决于我们获得的参数以及我们如何驾驭它们。如果你现在正在阅读这段文字,那么你已经处于自己当前的任务中了——也许是无数任务中的一个——其持续时间未知。遗憾的是,我们被设定好完全忘记与之前任务有关的一切。已经有许多部门请求要解决这个问题,但总部难以取舍,陷

---

① 伊沃克人是《星球大战》系列电影中的虚拟种族,他们身材矮小,聪明灵巧,擅长机械制造。——编者注

入了僵局。从一个任务到下一个任务，我们带走的只是我们先前任务的习惯性倾向、我们先前行为累积的潜在原因和结果，以及我们认知和觉知的能力——我们的感知能力。

虽然我们面对的设置非常糟糕，但当我们在执行当下任务前收到以下预先录制的消息时，除了按下播放键，我们别无选择。

无论你是否决定接受，你的任务都是在自己身上找出可以支配的变量，以调整你被赋予的参数。你的挑战是尽可能巧妙得体地施展控制力，同时尽量减少痛苦并最大限度地为自己与他人带来利益。对了，当然你还得想办法活下去，这是你使命的核心。你可以尝试更改或操纵这些参数，但你这样做的话，或许就不能充分探索自己可支配的内部变量了。如果发生这种情况，你有可能陷入各种各样的循环，有些循环具有自我参照性和重复性，而其他的，比如无限循环，则更难摆脱。你的目标是找到自己人生的基本方案，从而结束所谓的递归循环陷阱，除非你为了造福人类，帮助他们找到自己的基本方案。在那之前，你只能继续接受任务。在这个过程中，你会得到一些线索，但不要将它们与假象混淆，这里假象还不少。与每个新任务一样，你开始任务时会忘记它的本质。你需要记住并找到返回目标的方法。此录音将在 10 秒后自毁。祝你好运！不要被困住！

众多可能任务之一

在能够记住或意识到自己活着、有一副躯体之前，我们就已经开始了自己的人生。我们必须按时吃饭、睡觉、上厕所，如果我们不穿衣服、不洗澡、不梳头、不刷牙（只要我们还有这些条件），身边的人就会抗议。有一个栖身之所，一个温暖安全的住处，以及足够的食物，这些都能让我们的生活更有意义。到了某个时刻，我们需要上学。在某种程度上，正规教育是一种选择，然而我们通常不能完全理解学习为什么很重要，直到很久以后才明白，我们必须有一份工作，才能支付我们的日常开销和需要我们照顾的对象的抚养费，比如我们的宠物、配偶、孩子、兄弟姐妹或父母。不管怎样，当一直为我们提供这些东西的人突然宣布"免费服务至此为止"时，找到可靠的工作就变得很有必要了。对我们当中的一些人来说，这件事会来得更早，而对其他人来说，因为一些未知的原因，他们的金钱和生活所需的物品源源不断，这些原因将他们的参数与那些除了找工作别无选择（或者因谋生手段不够而承受痛苦）的人区分开来。这可能与我们与生俱来拥有的潜能有关，但无人能确定，因为我们忘记了一切，我们似乎只能走一步看一步。我们还未进化到能够明白：我们每一次的思考、说话或行动都可以激发无限潜能，这些潜能会引发意识本身的非物质结构运动；我们也认识不到自身的潜能与他人潜能结合时产生的强大力量；同时也不能意识到，外在和内在条件能让最难以置信的事情持续发生。谁知道呢？我们仅能猜测它如何运作，但它确实一直在起作用。

虽然我们每个人都获得了一组基本的变量和参数，但我们很快会发现，虽然变量可以且确实会变化，但主要是参数带来真正意义上的不同，让我们比其他人有明显的优势或劣势。因为我们来到这个世界时对我们的使命没有任何记忆，我们可能要努力克服一种感觉——我们来到了一个陌生的地方，在违背自身意愿的情况下被束缚了不知多久。虽然这一切看起来确实奇怪，但我可以向你保证，这还不到故事的一半。这些只是开始，我的朋友。

日复一日，年复一年，无法解释的事件、令人痛心的冒险、险些失败的故事，以及过度困苦中不时穿插着的胜利、欢乐和幸福的时刻，构成了我们生活中的主要情节。愉快和不愉快的境遇来了又去，我们昨日看重的关系与我们今日看重的截然不同，甚至我们最爱的人也如梦境般地在我们的生活中出现又消失。我们对发生的事件也没有明显的控制力和话语权。虽然每天发生在我们身上的事情大多是可预测的，如被闹钟叫醒，上课或开会迟到，或者因多拿了几份土豆泥而受斥责，但还有很多不受我们控制的突发事件。通常情况下，我们很难区分它们，更不用说清楚地分辨哪些是我们确实有能力在生活中施加影响的。即使是掌握之中的事情，我们也常常感到无法实时控制，或者因为没能及时觉察而导致不能及时行动。

意义建构机器

在某些方面，与我们被设定的参数同样让人困惑甚至有过之而无不及的是，我们自身产生并与我们如影随形的"随机"之物。然而，我们对所发生之事的解释有着天壤之别——这个任务主要由包裹在两个肉质突起之间的硬骨结构中的灰质褶皱完成。问题是，你两耳之间的脑部空间在发生什么？对大多数人来说，我们会不断地体验到愉快或不愉快的心理印象、想法、感觉和感受，囊括了一切短暂的、即时的体验，更不用说发狂这种极端形式了。就好像我们的想法、感觉和情绪从我们内心某个不为人知的地方冒出来，然后又回到了某个同样难以确证的地方。它们以混乱、脱节、失序、无情和不合时宜的方式出现在我们的心理流中，有着如钚般的易变性和不可预测性。我们的心理活动丰富且有规律，以至它的大部分在很长一段时间内都未被我们察觉。然而也有一些时候，在我们的心理流中呈现的心理印象以及生理感觉让我们不能再忽视其存在——它们越极端、越明显，我们就越难以忽视它们。当它们外显到我们的生活中，往往会不合时宜地出现，就像孩子一贯有不可思议的能力，能说出或做出对父母来说最尴尬的事情，比如在餐桌上向坐在对面的奶奶冒出时髦话，或者在杂货店扯开嗓子吼叫。

我们的心理印象和感觉当显示在以下一个或多个连续统一体——比如效价（积极的或消极的）、突显性（强度）和快速性（前两者出现和消失的速度）——中时，通常就是我们注意到它们的时候。[1] 那时，它们接触的所有东西就会很快被其短暂却强有力的痕迹所渗透。如果我向你描述的是一个谜语，而你要试着找到答案，你猜我在说什么？答对了！我说的是我们的情绪。

以上描述的是一些被认为会引发我们情绪的因素。神经科学家和认知心理学家认为，情感就像内感受器感觉和心理印象的培养皿，是产生情绪的前兆。由于大脑会优先考虑我们关注的事项，它会根据概念、心理模式和先前的经验来解读身体感觉和情感的意义。

但是，以上过程的许多环节属于不受意志控制的功能，我们也不太清楚意识是否能在其中起作用，至少与我们大脑所产生的第一层意义无关——这一层意义看上去很像我们身体中的某些自主功能。我不知道你们怎么想，但我特别感谢"睁眼"这类身体自主调节的功能，它们无须我们监管，尽管我还不确定我对这类任务的感觉。令我感到高兴的是，在我们的自主功能负责的诸多极其重要的事务中，我们可以把"眨眼"和"别忘了血液循环"等从我们大脑的待办事项清单中剔除。事实上，许多待办事项都会成为有趣的预言式的幸运饼干："我看过不了多久你就要分解代谢了。"嘿，这倒是确定的。

虽然我们已经学会使用单个词语，有时甚至是单个的手指来传递我们的情绪，但我们体验情绪的方式非常微妙，因此不可能通过某一个词语或概念来捕捉它。如你所知，我们的情绪可以像它们出现时那样迅速消失，也可以随性而缓慢地消失，就像它们从未到访过一样。情绪出现和消失的速度反映了我们的心理适应能力，它带给你的感觉可能像开车路过时挥手致意的熟人，也可能像和你生活在一起的成年子女。就像狂欢节游行一样，它们穿着夸张的服装，场面壮观，保证让所有人都记住这次盛大的演出。

我们感受到的情绪的效价和突显性，在身体层面体现为生理感觉，在心理层面体现为情感，在心智层面体现为一系列的自由联想、记忆、理念、视觉化和印象，也就是我们的思想、感觉和情绪。这个动态的三位一体就像"活宝三人组"，一个去哪儿，另外两个也去哪儿，它们总是在一起——至少在我们能意识到的情况下是这样的。当我们错过公交车或有人吐在我们身上时，它们就会来"拜访"我们；当我们的身体出问题时，比如阑尾觉得今天该破裂了，它们也会光临。心理活动的连锁反应可以随着思想、记忆、感觉或情绪的闪现而启动；反过来，我们所见、所嗅、所尝、所触或所闻都可以激发我们的心理活动。任何一个或多个外部或内部信号都可能触发三个伙伴中的一个或几个，像灯神闪现那样迅速。如果它们只是定期或偶尔造访，那没什么影响，但事情总是赶巧，所以总有串在一起的思想、感觉和情绪，像群飞的椋鸟一样在我们心中盘旋。

我们的艰巨工作就是，弄清楚我们可以决定什么。如果我们希望影响自身内部的运作方式，以及与之相关的结果，我们就需要弄清楚自己有何种功能和手段来影响它们。这是对我们艰巨工作的基本概括，也是事情的大致情况。有鉴于此，我们就能看到——甚至从科学角度断言——我们每个人是怎样成为自身经验的公分母的。

遇到阻碍时：你就是一切的公分母

如你所见，我们面对的这个任务很棘手——我们是自己经验的源泉这一点并不是特别明显。如果你还没有意识到这一点，或行动时忘记了这一点，那么你可能会在生活中遇到以下一个或多个暗示、信号与模式：

- 你总是把自己的困苦归咎于他人或外部环境。
- 你的手指通常向外指，即指责他人，而不是向内询问自己。
- 你总是发现自己处于与过去相似的情况或关系中，却没有意识到在这个过程中自己所扮演的角色。
- 有些话题在你生活中不断重复，类似场景不断上演，尽管你已尽最大努力避免。
- 无论你是否意识到自己是这些体验的公分母和来源，你都会继续将它们视为外部体验，而忘记周围的人和世界是自己的镜子。

如果你发现自己想要反驳这些观点，这是很好的信号，它们让你去探究自己为何有这种感觉，或者这些观点究竟对你有何影响。就其本身而言，这些表述都相当笼统，所以如果你不确定它们是否适用于自己，你可以自由思考，并对之进行检验，看自己的观察是否正确。如果这些迹象都没有引起你的共鸣，或者你还没准备好应对这种自我发现在你的职业生活和个人生活中发挥作用的方式，那么你需要更多的时间来观察哪些是利害攸关的问题，以及它们以何种方式反复出现在你的生活中。

自我发现2：你的内心是最好的教练

> 我们自带奇迹，却四处外寻。
>
> ——鲁米

我们是被全副武装的。我们拥有必要的装备、能力和智慧，让自己的生活朝着正确的方向发展（见图2-1）。然而，通常情况下，我们并不认为自己是明智决定的来源。我们还没有充分了解我们在何种程度上、从哪里开始成为自己的阻碍，我们的大脑也不够敏锐，不能很好地引导自身的控制能力。但当把注意力集中到我们的思维习惯、心理模式、思维倾向、偏见和信念上时，我们就会开始了解事物之间的各种关联，了解我们如何使自己陷于不利趋势，然后，我们就可以开始用自己习惯的方式来感知、关联和回应我们每时每刻的体验。就像打包好的降落伞，只要拉动销栓和开伞索就可以打开，我们心中也有等待被揭开的答案。但我们不知道什么是我们不知道的，这就是很多人会选择教练的原因。训练有素的教练可以帮助我们看到自己看不到的东西，为我们指

```
┌─────────────────────┐  ┌─────────────────────┐
│  自我发现            │  │  心理动能            │
│ • 影响因素和激励因素  │  │ • 熟悉并训练觉知     │
│ • 思维方式           │  │ • 练习感知、感觉和认知│
│ • 理解和反应模式      │  │   重构              │
│ • 行为偏好、需求和期望 │  │ • 调整角度和视角     │
└─────────────────────┘  └─────────────────────┘
┌─────────────────────┐  ┌─────────────────────┐
│  意义建构            │  │  涌现                │
│ • 自身动能所在        │  │ • 朝着所想、所说、所做│
│ • 意识到我们的信念、思维│  │   的方向发展         │
│   模式和心理模式      │  │ • 创造良好的内在和外在│
│ • 建立授权叙述        │  │   条件              │
│                     │  │ • 保持身心合一及健康  │
└─────────────────────┘  └─────────────────────┘
```

图2-1　你的内心是最好的教练

明方向，至少在我们开始学会看清自己之前是这样的。除非你能将自己看作自身经验的生成者，否则你可能会陷入以下一个或多个陷阱：

- 你不会将自己视为知识、智慧或情感的来源。
- 你可能不相信自己会产生明智的想法，或者不知道如何获得自己内心的智慧和心理能动性。
- 你总是向外寻找答案，把人生中最重要的决定交给他人，更糟的是，你可能会无视整体，而只开启指责模式。

- 一路走来，你将自己的经历外化，把它们与对内心的检视对立起来，并把外化的经历视为答案和最高真理的源泉。

最后一个征兆或迹象可以以多种方式显现出来，这些方式看起来是别人的错误或者行为本身就是错觉的根源。实际上，无论我们在多大程度上依赖他人来获得快乐、安全感、幸福感或填补空白，我们都会感到失望。这并不是因为人们天生就会让我们失望或故意让我们失望，而是因为他们和我们一样，也只能左右自己和生活的某些方面。这也不是说拥有可靠的支持系统没有作用，支持系统甚至是必不可少的。支持系统确实能起作用，但当你极度依赖他人和他们对你的期望或看法时，你就会把自己置于你不能掌控的局面中，或是你完全依赖的人的任性念头之下。激励我们的事物必须来自内心，这也是我们获得意义的内在方式，只有这样，激励才更可靠，也才能无限更新。当激励因素纯粹是外在因素时，我们就是将主动权交给了外部环境，而外部环境往往不会朝着我们预期的方向发展，也不是我们能控制的。即使我们想从某种处境中解脱出来，情况也相当复杂：我们仍然需要在新环境中找办法，而肩膀上扛着的是同一个头脑，装着同样的喜好和同样的倾向，却仍旧想依赖他人而不是自己。

我们经常听到人们谈论责任感，就好像体现我们责任感的唯一途径是他人，但这种责任感终究是有限的、不确定的、不可靠的，我们唯一能确定的责任感来自我们的内心，这就是培养我们内在指引的好处。我们需要学会信任并寻找自己的明智想法。那么，这种信念从何而来？我们需要为自己创造何种内在条件，来让自我负责成为一种习惯？展示出内心自我又会是什么样子？当你开始与内心指引者产生关联并促成它的发展时，你就有机会去探索这些问题的答案了。正如我们之前所阐释的，这种特殊的自我发现也可以作为我们旅程的指引图，为我们指明沿途将遇到的、有助力作用的垫脚石。这一旅程绝不是线性的，而是一个曲折的过程，我们不得不来回跑——有时每天都得如此——来反思和消化生活给我们提供的动态课程。当课程结束时，你会接触到以下与自己生活有关的见解，它们可以确定你掌握了"你的内心是最好的教练"课程的要点：

- 你相信答案就在自己心中，相信自己有能力给生活带来有意义的改变和转折。
- 你倾向于从自身内部寻找线索、答案和解决办法，而不是只求助于外界。
- 你学会了相信自己会有明智的想法，倾听自己想要提出的问题，找到自己想找的答案。

- 你开始意识到自己的内在性质和表达的动态本质。

自我发现3：感知+理解=你的现实

　　不存在真理，只存在感知。

——福楼拜

　　不同学科的研究都是为了"破解"意识的本质，了解大脑、身体和心理之间的关系，并使这些宏大主题看起来有意义且合理。我们的目标是接近每个宏大的话题，真正理解这些话题，并了解它们如何影响我们的生活。如果我们清楚自己感知的方式，了解我们的经验，我们就可以明白，自己在哪个阶段具备足够的条件和能力来驾驭意识、大脑和身体。这种特殊的自我发现旨在帮助我们分析我们如何感知和理解自身经验的主要组成部分。它是感知价值流程图中详尽内容的简明表达，旨在快速提醒大脑获得感知，然后我们就能根据这些感知获得意义。由于我们稍后将深入探究与感知价值流程图相关的话题，在此就不赘述了。

　　正如我们通常不会自觉意识到与感知相关的过程，我们也会经常忽略自己的内心，我们可以一整天甚至几个月都不去关注自己身心层面发生的事情。虽然我们在历史进程中已经成功地解释、证明和推断了许多学科，但我们对整个内心世界仍不太了解，也没有什么指南来引导我们应对内心世界的神秘和复杂。我们已经弄明白地球不是平的，它绕着太阳转（而不是太阳绕着地球转），我们也能去往月球和外太空，但我们很难理解自己心理边界之内所发生的事。关于心理这个话题，我们要把这个艰巨的任务留给科学家和学者，由他们来定义意识，探究意识是否与心理或大脑相同，以及两者之间是否存在因果关系。我们的工作是将每个人都能直接了解或观察到的事物转化为能被接受的、有用的、可行的东西。

虽然人们把西方心理学定义为对心理的研究，但在实践中，人们通常把心理和大脑混为一谈，甚至把这两个概念互换使用。据我所知，没有任何科学研究可以凭经验证明心理和大脑是一体的、相同的或不同的，尽管大量研究都以假设它们之间存在联系为出发点。大脑和心理之间的确存在某种有意义的关系，但是这种关系的深度和细节尚无定论。

就我们的目的而言，我将"心理"定义为觉察到我们即时体验的能力，包括对内部和外部体验的觉察。正是由于大脑的认识能力和觉知能力，我们能有意识地（甚至是无意识地）感知、体验到我们一刻不停的生活之流——前提是我们有条件以这种方式来体验现实。在这种情况下，"心理""觉知""意识"可以互换使用。我们与无生命体的区别大概在于我们有觉知的能力，因为据我们所知，无生命体没有感知或觉知能力。正如我们将在这本书中探讨的那样，我们心理的许多特性和外在表现明显超越了觉知能力的范围。我们要习惯于利用自己心理的观察力和特性，使之与对我们自身有直接或间接影响的事物产生联系。即使有一天我们能够以物理方式定位思想或意识——尽管我非常怀疑这一点——也不会改变我们得应对心理这一事实。关于有意识觉知的有趣之处在于，我们记起自己有觉知的时候就获得了觉知，即使我们忘记了这一点，它切换到更隐蔽的模式或工作状态中，我们也不会脱离觉知。仅通过回忆，我们就会立即与自己的觉知重新结合，这是我们突出的设定之一。

在感知和理解的过程中，你创造着现实，但当你还没学会识别、激活你对现实的相关影响时，你可能会发现自己被以下一个或多个障碍所困扰：

- 由于没有体验或意识到心理的能动性，你不知道自己对什么有直接的影响。你不清楚心理如何产生，还没有学会通过改变感知立场，从觉知出发来影响心理，也不知道如何提高自己已有的能力。
- 你没有意识到你在产生和解读感知的过程中的偏见和

习惯性倾向。

- 你不会质疑自己的感觉、感知或对所感知到的事物的理解。你认为自己的感知并非高度主观,并非自己对现实的惯性展现,你认为自己的感知客观而真实。[2]
- 因此,你也自然而然地相信自己编织的故事,也就是说,你不会质疑自己对每一刻体验的理解。

我们每个人只能依赖自己的感知,尽管它是主观的。也就是说,一旦我们意识到我们的感知缺乏客观性,那只不过是大脑尽可能控制自身环境和内部条件的产物,我们就会明白自己对现实的理解就是如此,并不像我们以为的那样可靠或真实——任何人都是这样。

自我发现4:我们有什么样的影响力?

> 你的内心就是此刻你拥有的一切。
> ——弗兰纳里·奥康纳

行动能产生什么影响是我们做事情的逻辑起点。无论在什么情况下,了解我们能否直接控制或影响事物都至关重要。它还会让你思考如何投入自己的时间和精力，以及这些是否在你的控制之内。我们可以做的唯一选择就在当下这个时刻。当下这个全新、稍纵即逝的时刻，是在时间的流逝中我们唯一有可能去影响的时刻。我们如何理解当下正在发生的事情，对我们的选择及随之而来的结果有着巨大的影响。我们的感知、理解和反应既在自己的掌控之中，也在无能为力的边缘。我们永远不知道事情会如何发展。你上一次对眼前发生的事情感到猝不及防或措手不及是什么时候？回想一下，然后思考："比起我当时认为自己能控制的，我实际能控制的是什么？"

这个问题不仅是关于能动性或者对意志的感知的——我们将在下一章从科学的角度来探讨这个问题——还关乎我们对内在支配力的探究，这是这本书主要想帮助你发现和学会控制的内容。但在你明白自己的心理能对哪些事物产生直接影响、哪些事物是你可以依赖和使用的之前，你可能会发现：

- 你试图控制自己完全无法控制的人、事和环境。
- 你把时间和精力花在担心你无法控制的事情上，并执着于此。
- 你没有意识到自己能产生何种影响，并持续地据此行动。
- 你不知道如何开发自己的觉知或个人能动性。

- 你或许在理智上知道自己有可能影响生活的各个方面，但你不认为自己能稳定地、持续地据此开展现实行动。

自我发现5：不必把自己的想法当成事实

> 世事本无好坏，全看自己怎么想。
> ——威廉·莎士比亚

这个自我发现提醒我们，要质疑自己想法的真实性。它可以帮助减弱我们感觉或思考的强度，并提醒我们：有些我们认为不会成真，也不需要我们继续关注的事情，可能会成为阻碍或破坏的因素。

在学会冥想之前，我没有观察过自己的心理。当然，我在不同程度上察觉到了自己的想法和感受，但没有花足够的时间观察自己的心理，充分了解自己的想法和感受（或者任何一种心理活动）是如何表现的。直到我20岁时接受了正式的冥想训练，发展出了自己的协调冥想练习，我才意识到，我们的思想和感觉、情绪、记忆等一样，总是昙花一现。坐在冥思垫上直接观察自己的心理，让我顿悟：你心中作如是想，并不意味着那就是事实。

当我们花时间观察自己的心理流是如何产生又消失的，我们就有机会以不同方式联想到自己的想法和感受。这种自我发现的目的是让我们学会重新拿起心理的缰绳。在接下来的章节中，我们将探讨如何掌控自己的觉知，从而相应地控制你的注意力。

虽然这或许是显而易见的，但在你获得"心理现象如何产生"的体验式洞见之前，你可能会陷入以下一个或多个陷阱：

- 除非你意识到相信自己的想法是一种习惯性倾向，否则你可能会一直相信自己的想法。
- 当你认为自己的想法是真实的，你更有可能赋予自己的想法和情绪一种它们本来不具备的真实性、强烈性和重要性。
- 因为不熟悉自己的心理，你可能意识不到处于运动中的心理与静止时刻的心理的区别。所以，你发现不了那个从静止时刻的散漫思维中得到心灵自由的窗口。
- 其结果就是，应当在何时质疑自己的想法或观点，以及应当在何时意识到自己的观点并非唯一真相，你可能会错过关键的转折点或选择点。
- 最后，无论你在何种程度上不了解自己心理的觉知模式，你都可能错过激发自己能动性的那扇窗或那个机会。

可以说，在对自己的心理及其运作方式获得一些直接经验之前，我们看不到很多潜在机制正在起作用。我们如果没有能力把握自己的观点，就有可能陷入某一种观点——无论我们的习惯为我们选择哪一种——而无法了解有更多的合理视角可供选择。

自我发现6：你的关注，不论好坏，都会成为你的现实

你的关注会被放大。
——金·阿德斯，"心理框架"训练

这一自我发现恰好与乔治·卢卡斯（George Lucas）的一句名言非常相似："永远记住，你的关注决定你的现实。"我们的即时体验取决于我们所关注的事物。不管注意力放在哪里，在那一刻我们的观念和现实都会受其影响。我们的想法直接反映了我们关注的对象、方式和我们的反应。这一自我发现的灵感并不是来自乔治·卢卡斯[①]（尽管在新冠疫情期间，我第一次观看了《星球大战》系列电影），而是来

---

① 乔治·卢卡斯是《星球大战》系列电影的制作人兼导演。——编者注

自金·阿德斯和我的思维训练经验。金是"心理框架"训练的创始人，训练方法论的天才，我接受了她的正式培训。她写了一本有关这个话题的书，名为《你的关注会被放大》（*What You Focus On Grows*），用一句话完美地总结了这一自我发现。专注是向内觉知时要培养的核心技能，也是内化在我们每个人心理结构中的关键特征之一，它既可以给我们带来麻烦，也可以为我们效力。最后，影响我的两个主要人物——丹尼尔·戈尔曼和理查德·戴维森，他们的文章分别拓展了专注和注意力的话题。在这种情况下，注意力是觉知的同义词。正如理查德·戴维森在注意力的定义中所暗指的那样，选择性地控制注意力的能力，也是每个人以各种方式捕捉和调整我们觉知的能力。我们将在后续章节中论及自身觉知的本质和表现时展开进一步探讨。

我们有时会有坚持或反复思考某个人、事件或境况的倾向。如果我们深陷某事，无法将思想或注意力从这件事上移开，可能比被迫听别人谈论无聊的事还糟糕，这种糟糕程度相当于"中国手指陷阱"[①]游戏一直停留在我们大脑中。当这种情况发生时，我们的思想就会变得像捕蝇纸一样，吸引任何对我们来说可能重要的东西，而拒绝从黏糊糊的抓力中

---

① 一种类似翻花绳的简易魔术玩具。——编者注

挣脱。这一自我发现展示了当我们的意识专注于其关注的对象，以至这个对象成为我们唯一看得见的东西时会发生什么。就好像我们的意识完全被这个对象所占据，或融入其中，与之难以区分，也许就像被附身的感觉一样——会感到或多或少的身体扭曲。如果你所关注的正是你想要关注的东西，那么专注于饱和点[①]会很有帮助；如果你所关注的东西不是特别有益或是令人不快的，那就麻烦了，这就像踩到排泄物，过了一段时间你还能闻到它的气味。我们可以说，排泄物的气味变成了你的现实。对你而言，在那一刻你能得到的一切都变得无关紧要甚至不存在了，当处于该状态时：

- 你会全神贯注于自己经历的某个方面，而且你越专注就陷得越深，它会像流沙一样吞噬你。
- 你发现自己深陷其中或过度关注的事物挟持了你的注意力，无论这个事物是什么。你可能会执着于一个有形或无形的物体、事件、思想、信念或其他任何事物，甚至是虚空。你越执着，你的觉知就越不能自由转向其他事物。
- 你被关注的对象把持着，无论是人、地点、事物、想

[①] 此处指最高关注度。——译者注

法、情绪、感受还是故事，它会产生一个效力强大的情绪吸盘——无论是积极情绪还是消极情绪——以此来强化自身，支配你的注意力。
- 发生这种情况时，你可能无法找到分散自己注意力的"解压阀"或减弱它对宝贵生命的掌控力。因此，你不仅有可能在那一刻失去对其他事物的恰当判断，而且当时你关注的任何事物都可能是被夸大了的。
- 当你关注的对象彻底俘获了你的注意力，你可能会不切实际地过度信任它、依赖它。

要摆脱这些时刻，我们需要培育觉知的内在条件（对觉知的内在引导），养成"放手"的习惯或以其他方式转移注意力的能力。这就是你要学习的：你有能力让你的行动与意识相关，也能掌握调整的技巧，你可以在每个时刻采取恰当的行动。

自我发现7：收集证据与加深偏见

凡有偏见之人，纵有百般迹象，他也不会接受现实。

——鲁米

这种自我发现描述的是我们的确认偏见和皮格马利翁效应①，或是其他我们在感知和意义建构过程中经常无意识产生的偏见。前者是寻找证据来支持我们现有信念的现象，这经常导致我们除自己期望看到的数据之外，其他数据都视而不见；关于后者已有许多相关研究，它指的是认为他人会按照我们的预期行事。具有讽刺意味的是，这两种偏见都反映了感知在大脑中运作的方式。根据之前的经历，大脑会做出预测，然后通过内感受器感觉和感官输入来校准，最后再利用自己的心理模式（与先前的数据相结合）来理解这些数据，从而理解自己的感知。谁说设计出一种让意识能四处移动并体验自身及周围环境的模式会很容易？

　　由此产生的影响是，我们往往会寻找那些可以印证我们想法的证据。这是显而易见的。不幸的是，这为我们可能存在的偏见提供了条件，让它们在不被我们察觉的情况下渗入我们对现实的感知。这些偏见来自我们之前的经历，以及自我和社会身份让我们相信的东西。换句话说，我们自然而然地从为我们建构的模式和过往经历中产生偏见。考虑到感知本身运作的方式，这种情况虽然不可避免，但一旦我们意识到这是正在发生的事情，并且我们确实有一些发言权——不

---

① 因为过于喜爱所造之物而认为其真实存在，也被称为罗森塔尔效应。——译者注

要落入习惯性的意义建构模式的圈套——我们就可以学会发现各种线索并训练自己的觉知，找到重构观点的恰当机会。但是，在你提高自己的能力，发现自己所有感知的主观性之前——除了不受约束、舒缓自身的觉知（这种觉知最有疗愈效果）的所有感知——你可能会注意到自己陷入了以下一个或多个具有迷惑性的心理万花筒：

- 你往往会把自己或他人置于一个几乎不可摆脱的桎梏中。
- 你的经历和信念束缚了你，影响了你对自我实现的预期，这种影响会肆意破坏你自身和他人的未来。
- 当事情进展不顺利或者不符合你的预期，你可能会无意识地将其添加到犯错清单中，强化你对自己或他人已有的负面信念或想法。
- 你可能会根据仅有的信息评判他人，然后有意识或无意识地相信自己认为理所当然的东西。这样你就能快速地找到证据来确认你对这些人已有的看法，而这种看法会从现在延续到将来。

发现自己陷入偏见的能力源于自我反省，源于经常认真地问自己："我收集证据做什么？"我们从经验中建构的故事和意义既可以制造障碍，也可以让我们摆脱自我设限。因为没有人会帮我们解决这个问题,我们需要依靠自己的觉察力和认知能力来重新评估我们的感知。借用拜伦·凯蒂(Byron Katie)的智慧,问问自己:"这是真的吗?确定是真的吗?""如果没有这个想法,我会是谁(我是不是没有偏见的我)?"

自我发现8:"查漏补缺"偏见

> 悲观主义者在每个机会里看到困难,
> 乐观主义者在每个困难里看到机会。
>
> ——温斯顿·丘吉尔

因为我们的大脑对不愉快的消息更敏感,所以负面(而非正面)数据会过度影响我们的观点。不要忘记这一点:我们的关注会变成我们的现实。在很多情况下,我们倾向于看到别人(也包括我们自己及周围环境中的)良好、积极的一面,除非当时更重要的是其他方面,而这是我们更为关注的。例如,在一期精彩的播客中,布琳·布朗(Brené Brown)和苏珊·戴维(Susan David)讨论了有害积极性的坏处。积极性被认为是我们所处困境或精神僵局中的唯一解药,但她们对这一观念持谨慎态度,并提供了自己的见解。

"一切都好"的心态不应该是我们对待和回应自己情绪的固定台词，我们的实际感受——尽管是暂时的——才是这件事的关键所在。我想让大家知道的是，这一看法并不是自我发现或与其相关的"看到自己和他人最好的一面"所赞同的。实际上，它们都与以下能力有关：看清自己，清楚地表达自己，了解自己使用的心理框架和视角及其影响。当你能有意地从不同的角度观察自己、他人和局势时，你就能更好地决定下一步。

12个自我发现是相互关联的，在某些情况下，每一个自我发现都可以是其他发现的放大器或补救措施，而"查漏补缺"偏见就是其中之一。正如我们从之前的自我发现中所了解到的那样，当我们的大脑专注于某事，甚至一次次地被预设了一个特定的角度时，我们就会强化这种观察和理解的方式，但这样做的潜在影响不一定会被我们意识到。如果我们只关注那些不可行的、不完善的、有问题的或错误的事，会发生什么？我们可能会忘记关注可行办法、正确手段或正面推动力量。对经常在我们身边的人来说，这样的我们可能会难以相处，更不用说这是我们内心不安的根源了。

当我接受教练卡拉的指导时，她问了我一个对当时的我来说犹如改变游戏规则般具有重大意义的问题："和你待在一起是什么感觉？"这个问题的语境是我因为女儿做事总是拖延而感到沮丧，她想知道那段时间孩子对我感受如何。过了不久，做事拖延成了我对女儿主要关注的问题。这是一个痛点，也是我们之间矛盾冲突的根源，它最终对我们的关系产生了负面影响，给我们家带来了紧张的气氛，我将在接下来的章节中分享后续的故事。

我们的教育体系，当然还有我们的商业模式，都强化了一种基于缺陷的心理模式，在这种模式下，我们总是试图发现并解决问题。但我们可以想一下：如果没有问题需要解决呢？当并非所有事情都有缺陷或者缺陷没有那么多，用不着我们的聪明才智去解决时，又会发生什么？这些问题都在邀请你去寻找答案，而答案与我们自身经验相关。在以下过度依赖消极偏见的例子中，你发现自己身上最常出现哪些情况：

- 你往往会寻找或关注事物消极的一面。
- 你可能会认为"邻家芳草绿"，而无法发现或感恩你所拥有的一切。
- 相比看到或询问"什么是对的"，你总是问"有什么问题或遗漏"，你可能会将每件事都看作需要解决的问题。
- 对相关事件或个人，你可能倾向于用负面理解来填补信息空白，而不是保持中立或选择往好的一面想。
- 你往往关注消极方面，排斥其他观点。因为你的关注点在负面，它成了你的主要视角。

当你打开此书，开启自己的心灵之旅时，你有充分的机会在自己的感知习惯储备库中添加新的视角，而不是仅有悲观和乐观两个极端视角。

自我发现9：看到自己和他人最好的一面

>人们过多地关注负面事物，关注错误的东西。
>为什么不试着去看积极的事物，
>去触摸它们，让它们绽放呢？
>
>——释一行

正如我所提到的，"看到自己和他人最好的一面"代表了我们消极偏见的反面倾向。发现一个人或一种情形中积极向上的因素，以及独特的优势、才能和品质，会让我们的注意力集中在具有生成性的事物上。我们创造了必要的内在条件来感受有益的心理状态，比如欣赏、同情、慷慨、感激等。同样，这并不是建议你胡编乱造，或者出现问题的时候假装无事发生，这样可能会让有些人误解为鼓励伪装积极，他们会因此感到忧虑。相反，这只是邀请你去注意和关注具有生成性的、有益的事物。我们创造文明、开放和对话的条件，是为了让它们成为更好地理解和调和我们分歧的手段。鉴于我们有消极和确认偏见的倾向，如果我们想成为生成性心态的受益者，就需要练习从这个视角看待问题。由于我们不能控制他人或环境（只能控制我们自己的反应），因此我们可以选择去寻找和欣赏"正确的事物"，而不是本能地去发现"错误的事物"。因为我们很容易忽视自己和他人积极、有利的一面，所以在养成看到自己、他人和局势中最好一面的习惯之前，我们可能会养成以下一种或多种思维习惯：

- 倾向于忘记或弱化别人身上的积极品质或你喜欢的特质，在一些极端情况下，会认为他人缺乏人性或将他人边缘化。
- 你对他人的期望往往会掩盖你看到他们积极品质的能力。相反，当他人没有达到你的期望时，你可能很快就会对他们感到失望或恼火。
- 你可能对自己或他人缺乏同情心和爱心。
- 你没有能力看到自己、他人或环境中良好、积极、正确的一面。

就像你会尝试其他练习一样，我建议你也给这个练习一个机会：发现自己在何处可能受到蒙蔽或产生消极偏见。练习中，你首先要注意那些涉及重要关系和自我认知的观点，最后要注意你对那些难以相处的人的看法。

自我发现10：清空"头脑垃圾"

让我们痛苦的不是发生在我们身上的事，
而是关于这些事，我们对自己说了什么。

——佩玛·丘卓

我第一次知道"头脑垃圾"（headtrash）这个词——是的，真的有这个词——是我在一家制造公司工作时，与销售总监闲逛时学到的。这是一个很棒的词，它传达了强有力的信息。它可以是一剂良药或一个提醒，让我们放下对自己和其他人带有偏见、人为设限的信念、叙述和故事，这些对自己或他人都没有益处。当一些很重要的事情不遂人愿时，我们就会有这种特定倾向，就像打开了自我批评的闸门，一发不可收拾。在这个时候，我们试图对这件事或那件事没有成功的原因进行理性解释，于是我们不可避免地成了罪魁祸首，在注定的结局里重复表演着相同的故事：我为什么不够好，为什么不讨喜，为什么在世上孑然一身，或者你能想到的其他任何事（比如对你来说"有毒"的事情或困扰你整个人生的事）。不管这种倾向是否源于自我厌恶或绝望，我们每个人的生活中似乎都有一两个反复出现的主题，代表着我们必须背负的痛苦。

当陷入这种恶性循环的心态时，你要轻声提醒自己："善待×××（你的名字）。"当周围没有其他人在听时，留意你对自己说的话。言语是有力量的，事实证明，我们对自己说的话非常重要。正如我们所知，我们反复思考、讲述和实践的任何事情都会成为习惯，它们会成为我们依赖的首选行为。我们要做的就是觉察自己的"头脑垃圾"，并摆脱关于自己的无益的信念，即使某一类"头脑垃圾"可能会再次显现，就像一张纸以同样的方式折叠了上百万次，因此折叠时别无他法。当"头脑垃圾"再次出现时，你就会更清楚地知道怎样做可以避免产生有害后果。在你尽全力整理、清空"头脑垃圾"之前，你可能会发现以下一个或多个迹象，表明你脑子里装着一堆"垃圾"，它们最终会像你胃里消化的所有食物一样变成对你有益的东西：

- 你会习惯性地回想自己和他人以前的事情，并且随着时间的推移不知不觉地添加内容。这些故事通常都是不快乐的——类似格林童话那种，可能是关于自我设限的信念，也可能是关于你不讨喜、不配、无能、永远做错事等的完整中篇小说。

- 当我们任由大脑随意联想，大脑就会成为一块磁铁，吸住自己和他人的信念与故事，就像粘毛球的滚筒一样，这时只需扔掉它们。事实上，它们甚至可能正在主动伤害和破坏你的目标感、心理能动性或对自己能力的感知。
- 你对自己和他人的消极想法和信念，和家里的垃圾或其他任何有毒的东西一样，会逐渐积累，甚至会让周围的好东西——比如你从 12 岁起就拥有的那双匡威鞋——变得恶臭。
- "头脑垃圾"可以表现为消极的自我对话、自嘲，或者我们低声或大声说出来的无情话语。在这些时刻，我们实际上是在说"垃圾话"。当没有人在听的时候，留意你对自己的看法和对自己说的话——因为你自己在听。言语、思想和信念都有力量，它们有自己的动力。

在多次摒弃自己囤积的无益故事或信念的实践中，你开始知道：话语内容的模式和讲述方式是一种"超能力"，它可以让你以完全不同的方式倾听你自己和你的对话者。你可以从注意自己及身边人使用的具体单词和措辞开始。有趣的是，人们总是告诉你他们所相信的东西或想让你知道的东西。有些人要比其他人在说话的内容和方式上更直白、目的性更强。但如果你真的留意说出的内容和没说出的内容，你就会获得一种新的倾听方式，也就是说，你会更了解心理模式、潜在假设和给我们及他人的感知赋予意义的语言。

自我发现11：真言、隐喻和导图

每个想法都是联想的结果，
而至高处是一个精妙隐喻。

——罗伯特·弗罗斯特

这个自我发现和其他发现有点儿不同，因为其目的就是提醒你抵抗一种"无心"状态，或者消除让自己的心理来充当领航员的习惯。当我们发现自己被各种情况淹没或冲昏了头脑时，真言、隐喻和导图中的任何一样都能为我们提供必要、可行的方法和策略。真言是许多宗教传统中不可或缺的神圣话语。在我们使用该术语的语境中，真言能够捕获洞察力或个人真相的本质。在特定情景中，真言或俗语可以提醒我们如何表现或回应。如果有人在某些情况下倾向于与世隔绝或自我封闭，他们可能会想出短短几个字，以便下次发生这种情况时可以提醒自己，比如"保持开放""保持好奇"。真言可以在我们习惯性地做或说一件事，但其实想以另一种方式实践或回应时使用。

隐喻以深刻、清晰和简洁的方式传达复杂的思想，而单个词语或直接描述可能无法做到这一点。隐喻能够传达故事的寓意、某种洞见的智慧，或者一种理解旧变量的新方法。隐喻提供了丰富的语言和象征意义，使我们的创造力和想象力生动起来，为我们提供了一个其他语言方式达不到的新视角。

在发展我们对身体感受的觉知方面，导图是体现其重要性的一种简略表达方式，比如在"身心导图"这个词语中。我们的感觉往往是我们的第一线索，它让我们在内感受或情感上感到被激发。如果我们能增强对身体信号的觉知，我们就能提高解释和回应自己感觉的可能性，加上更多的好奇心，结果也会更准确。举个例子，如果你每次在商业伙伴面前都发现自己的脸变得通红，喉咙发紧，心脏痉挛，惊恐发作，这可能意味着你该换一个商业伙伴了，也可能意味着其他事，不管怎样，这都会让你产生疑问："我怎么了？"只有我们才能决定自己最初建构的意义是不是我们想要保留的解释。此外，当我们将注意力转移到我们正在经历的内感受器感觉（也就是身体感觉）上时，就像吗啡对椎间盘突出所起的作用，它可以钝化我们对此的感觉。原因何在？你猜对了，因为我们的注意力变成了我们此刻的现实。当改变了自己的视角，我们实际上是在改变自己的情感定位，这说明了此刻我们注意力的转向。[3] 在开始研究这个特殊的自我发现之后，我才意识到这种现象有其科学定义。当我们有意识地转移自己的注意力或改变与当前环境相关的切身状况时，就会发生这种情况。12个自我发现和觉知练习将让你改变自己的视角，改变自己的情感定位，而后者的意思是，你确实能够产生影响——如果不是影响你的实际物理环境，就是影响你的心理和感知环境。

真言、隐喻和导图可以提醒你回忆或记住你想如何前进。在很多情况下，它们可以促使你重新解读事物的意义，并做出回应。如果你没有意识到自己拥有这些内在资源，可能会出现以下一种或多种情形：

- 事情出错时，你会进行消极自我对话或自嘲。
- 你无法深入探知内感受器感觉，即使它们是很重要的迹象。
- 你可能很难确定或说出自己的感受。

- 你往往错过重构意义的关键转折点。
- 身心健康是感知和实践任何事情的基础,而你习惯于忽视自己身心健康的一个或多个方面。

我们将探究在日常生活中使用真言、隐喻和导图的具体方法,以提醒自己重新构建或评估我们回应自己感知的方式。

自我发现12:幸福是一种心态

> 幸福归根到底是在两种不愉快中做出选择,
> 一种不愉快是意识到内心的痛苦,
> 另一种不愉快是被这种痛苦所控制。
> ——咏给·明就仁波切(Yongey Mingyur Rinpoche)

我的老师对最后一个自我发现给出了完美诠释。与其他情绪词汇或概念类别一样,幸福是一种短暂的心理状态或情绪实例,由一系列大脑根据我们所处环境所预期的独特感官印象和心理印象聚合而成。和其他心理状态一样,幸福不是我们可以获得并妥善保管在盒子里的物体。在根据身体和大脑发出的信号做出各种判断并赋予它们不同的意义时，我们的心理状态就变成了一种选择。我们在感官基础上赋予我们经历的初始含义，可能与我们最终坚持的含义一致，也可能不一致，这取决于你。这一自我发现的核心智慧在于，你能够对自己的感受做出多种反应，并由大脑和身体赋予其意义，你很可能做出一种更适合自己或当下情境的反应。如果意识不到这一点，我们就会受身体和大脑生成的心理状态的支配。如果你能够判断一种情绪或心理状态是否超过了其预期目的，或者完全偏离了目标，那么你就已经获得了影响事物的能力。我们可以选择放纵、满足自己心理状态的时长；我们可以感受为我们而涌现的一切心理状态；我们可以静静观察，等待这种心理状态消逝；我们也可以深陷其中，任其影响我们的观点；我们还可以尝试改变情绪或感知立场——这能让我们免于陷入心理窒息。我们应该牢牢记住：当下有可利用的东西来改变自己的觉知框架、情感定位，我们也可以赋予它们不同的意义。如果做不到这一点，我们可能会经历以下一种或多种情况：

- 我们意识不到自己是自身心理状态的源头。
- 我们对自身情绪和心理状态的看法是：第一，比实际情况更静止、更固定；第二，发生在我们身上，但不是我们可以影响、培养、消除或从根本上断绝的。
- 我们看不到自己的想法、心态、信念和我们的最终成就之间的因果关系。

我们的任何感觉、情绪或心态，以及对内心反应做出的选择，都是暂时的。或许这并非瞬时直觉，也并不显而易见，但我们可以训练自己的心理、意识来驾驭这无形巨浪般的繁杂的心理表达，而不是被其暗流所淹没。

重构观点和认知

12个自我发现中的每一个都给我们提供了重构观点和认知习惯的方法。它们揭示了激活自己内心觉知能力的具体方式，而每一种方式都给出了独特途径来培养可被传授的有益心态。如果停下来反思并检视自己生活的以下方面，你能说出你在多大程度上受益于自己的思维习惯，并准备好与之协作吗？

- 你是否充分利用了自己的生活以及你所拥有的独特天赋和才能？在此过程中是否有乐趣？

- 你的现状、成就是否反映了你认为有意义和有价值的东西？如果这个结果不是明确地对自己和他人有利，至少不会对任何一方造成损失或伤害。
- 你会如何评估自己人际关系的整体质量？这不仅包括与你亲近的人，也包括那些可能与你生疏甚至难以相处的人。
- 你自己的感知、理解和反应习惯会在多大程度上影响你？

如果你能诚实地回答这些问题，你就会立刻知道，在你的思维习惯和心理动机的形成过程中，你自己起到了何种作用。

第 3 章

我们自身的影响力

> 在每一刻，
> 我们拥有的可能性都比自己意识到的更多。
> ——释一行

相比于我们无法施加影响的海量事物，我选择了从我们可影响的事物出发，探讨习惯和行为的改变。这个话题不太新颖，我还得时不时地考虑事物如何呈现、我们如何体验，以及这些话题带来了什么样的哲理或科学思考（如果有的话）。和我的路数不同，科学家们会避免深入研究那些注定不可知或者虚无缥缈的内容。与意识和心理一样，施动性[①]也是一个难以跨越的鸿沟。然而，如果我们只看到自身经验的表面价值，而不基于实例去深挖，我们很快就会发现，自己在试图维持一个站不住脚或漏洞百出的观点，或是自认为

---

① "施动性"可追溯到"主观能动性"的概念。主观能动性起源于哲学史上关于意识问题的大讨论，但真正以"能动"的视角来考察这个问题并引发重要影响的观点可以说源自马克思主义哲学。下文提到的施动感，指个体根据自主意识和选择的目标执行动作，并控制行为和行为结果的体验，它是建构自我意识的核心因素。——译者注

在某些事上自己具有施动性，但其实相反。虽说我不是个科学家，在科学研究成果与实用见解之间还存在着巨大鸿沟，但这并不影响我对科学的敬意。我丝毫不想背离科学事实或主流科学思想，因此，我花了不少精力去理解和吸收那些与本书话题相关的最新科学观点，以便从这些新理论中汲取能运用于实际生活的知识。

施动性感知

关于施动性的研究是本书的话题之一，神经认知研究将之称为"施动感"（sense of agency）。最近我读了詹姆斯·W.摩尔（James W. Moore）的文章《何为施动感？它为何重要？》（What Is the Sense of Agency and Why Does it Matter？），对"施动感"有了一些了解。阅读了摩尔对该科学领域最新的研究综述之后，我终于把我们对施动性的感知与我们对自己及他人行动的因果影响区分开来了。前者又被称作施动"感"（feeling of agency，简写为 FOA），文章中将施动感定义为"施动者拥有的一种低层次、非概念性的感觉"，当我们对行动本身没有清晰的认识时，我们会把行动归因于施动感。相应地，施动性判断（judgement of agency，简写为 JOA）被定义为"施动性中较高层次的概念性判断",它出现于我们能明确地将行动归因于自身或他人时。施动感与人体感知运动的过程相关,而施动性判断(或者说归因[①])的实现要借助认知活动,例如信念或与自身行动相关的背景知识。举一个与我们日常经历有关的例子,如果一件事是我们意料之外的,它就可能触发我们的施动感,而归因依赖于我们对施动性判断的认知评估,这就包括对所处形势的看法,以及判断在不同情况下旧事重演的责任是否在我们自身。

简而言之,研究表明,在我们能感知到自己正在行动之前,大脑就给出了行动的信号。具体地说,在大脑发出行动指示 1~1.5 秒之后,我们才会意识到自己已在行动。挺神奇的是不是?相关研究表明,信念和认知评估会确定我们是否应该对引发各种行动及其后果的原因负责。你会发现,我们的施动性判断(如果不是实际上的施动性)在 12 个自我发现的运用中很关键。

你可能已经注意到,作为施动性的两大参量,施动感和施动性判断都没有说明我们是否真正具有施动性,以及以何

---

① 对于行为、事件的因果解释和推论。美国社会心理学家弗里茨·海德(Fritz Heider)最先开展归因理论的研究,他认为引发人们归因的是两种基本动机:一是形成对周围世界的一致理解,二是控制周围的环境。在基本动机驱使下,知觉者对所有行为结果或归结于内在原因(行动者),或归结于外在原因(情境)。——译者注

种方式体现出来。相关领域的科学家目前只对施动性的神经认知基础进行了研究，即我们对自身的施动性和归因过程的感知。这主要是因为测量外化行为的实验有难度，更不用说以测量思维状态为中心的实验了。幸好我没有从事科学工作，因为我可能会忽略我们意图开展行动和有意识地觉知到我们正在行动之间的微小时间差，而将其视为"刚好及时"的感知处理过程的设计特色。也许当意识的参与成为必要时，运动皮质才会被有意识的觉知控制，这种有意识的觉知需要我们觉察到正在发生什么。我曾经认为"刚好及时"的感知设计既能确保我们高效地使用自身的神经网络和代谢资源，还能保证这个系统的运行品质且没有损耗，在这一点上我可能错了。

就该研究已掌握的参数来看，我认为施动性的两种类型——施动感和施动性判断（不一定包含认知建构）——是有意识地用来提升自我并让自己感觉良好的必要方式。"我们是否真正具有施动性"这个问题，即使不是某一本书的写作基础（这样的书不在我的写作计划之内），也堪称另一个谜题。在摩尔对施动性感知的研究中，最后一项吸引我们注意力的是自由意志（亦称心理因果）与运动控制问题的混淆，它可以作为研究实验的几个重要切入点之一，对人的施动性感知（但不是实际的施动性）进行测评。可以说，我们对运动控制的了解已经超过了对自由意志本身的了解，但另一方面，研究者也认为："了解'自由意志'信念的神经认知起源，并不能帮助我们判断这些信念的真实性，但有助于评估这些信念是否合理。"

自由意志与自由中断意志

我比较好奇的是，自由意志是否确实存在，我本科选择主修宗教学可能有这方面的原因，不过很明显，我想到的答案在此对我并没什么用处。不过，我通过阅读詹姆斯·摩尔的文章补充了相关话题的知识，他后来的一些话确实对我有所启发，那就是：虽然关于意识在行为中的作用我们无法给出明确的结论，但它还是有可能发挥阐释行为过程的功能，这种功能可能让我们觉得自己具有自由意志。他还提到了关于"自由中断意志"的研究，该理论由本杰明·利贝（Benjamin Libet）提出，其有效性自提出后就争议不断。我接受的训练和专业知识与这个理论完全不相关，我甚至被它逗得笑出了声。"自由中断意志"的理论是说，虽然我们没有超越感知的意志力，但我们有可能中断正在进行之事。换言之，在一个行动序列开始后，我们能够选择中止。这个想法挺有道理，如果真是这样，到目前为止其实践效果是相当不错的，但如果能加上自我调节的例子会更好。在深入了解这个话题时，我发现了一个研究项目，其成果总结在许恩·菲列维奇（Kühn Filevich）和哈格德（Haggard）写的一篇名为《"自由中断意志"不存在：先行脑活动能够预测关于中止的决定》（There Is No Free Won't: Antecedent Brain Activity Predicts Decisions to Inhibit）的文章里。研究者修正了利贝实验中坚定地认为是错误的参数，我想这个标题已经多少透露了研究结果——我们甚至没有自由中断的意志来承载自己的希望和梦想。

虽然只是刚了解"自由中断意志"的概念，我就已经离不开它了，就像前一晚一碗姜香冰激凌刚下肚，次日早餐还想再吃。不知道你怎么想的，我还不想让自由中断意志同自由意志一起被抛到窗外。说实话，我觉得我们还不清楚自己的意识在所处环境中会有怎样的控制力，更不要说施动性了。不过，我在《大西洋月刊》（The Atlantic）上读了一篇文章，讲的是人们提前被引导相信自己没有自由意志时会发生什么，并与直接告诉他们没有自由意志时他们的行为做了对比。可以说，他们的反应是一个比一个不安。但是我们无法超越自身所在的现实，不然要是人人都相信斯蒂芬·凯夫（Stephen Cave）《不存在自由意志这样的东西》（There's No Such Thing as Free Will）的标题，我们会深陷存在主义危机。这篇文章很好地抓住了关于自由意志和决定论的各种立场和观点，作者特别提出了布鲁斯·沃勒（Bruce Waller）的观点——他是扬斯敦州立大学的一位哲学教授，著有《修复性自由意志》（*Restorative Free Will*）一书。根据凯夫的观点，沃勒平衡了这两种关于现实的观念，指出我们能为自己创造广泛的、不受外界约束的选择。因此，"放电神经元的因果链"对人类生理的限制应该是不重要的。接着，凯夫还总结了沃勒的观点："这两种观念并不是对立的，它们只是在不同层次上描述了我们的行为。"这是困局中最好的尝试，没什么能比这法子更好了。我的观点与沃勒的相差无几，或者说，在如何了解施动性、我们具有怎样的施动性这些问题上，我们是部分相似的。

我对这个话题的看法总结如下：不管自由意志或自由中断意志是否存在，我们对自由意志的判断决定了我们对其的信念。我们对包括此话题在内的万事万物的了解的准确性，是由我们自身的心理模式、知识框架以及对相关话题的主观理解决定的。但是，无须准确的观念，我们也能进行前意识感知。无论有无自主施动性、是否掌握当前最新时事或科研信息，大脑模拟现实图景的能力都不会受影响，而大脑的感知依赖于认知评估和人体对环境的内感受信息的输入。如同在美国历史上最难忘的四年——我让你们自己决定是哪四年——我们对各种事物的真假持有不同的观点和想法，并对其进行理性阐述，在这个过程中大脑的运动停不下来。虽说大脑没有自动关闭功能，也不能像轻型货车倒车一样发出"哔哔"声来提示自己的观念与现实脱节，但它深度阐释我们信念和行动的过程有力地证明了自身的作用。不过，无论自身的预期、先前的经历或观念能否反映"准确"的现实图景，我们的感知都不会受到阻碍，相反，我们的大脑会根据已知信息修正我们的感知。

可以说，我们更该关心的是我们每个人需要从自己的知识和经验背景中学到什么。我将之命名为"心理看板"，用来比喻大脑可以随时处理的即时信息。既然现实中似乎没有堪比馆际互借系统或呼叫好友的大脑功能的存在，那么当涉及大脑在感知过程中要处理的东西时，我们自己就是主要决定因素。我们可能会被不受掌控的外部参数约束，但我们的心理是一套设计精密的装置，既然只有自己的大脑用得上，我们就不能超出大脑的机能限制。因此，我们应当用知识和体验来武装大脑，它们不能只是让我们变得快乐、收获意义，还应尽最大可能对我们所做的选择做出反馈。正如一句谚语所说："垃圾进，垃圾出（大脑输入了什么样的知识和体验，就会输出相应的反馈）。"所以，记住自己的思维习惯，我们就能清楚地辨识出心理模式和信念结构，包括我们能主动觉知到的和不能主动觉知到的。越注重用自身经历编织出的潜在文本和故事，我们也许就越能清晰地看到它们的相应产物是如何在无意识中被习惯性地创造出来的，这正是你将在后面章节中学到的"身心导图"的使用方法。你开始了解自己相信的是什么，了解自己无意识或有意识地觉知到的心理模式。

在某种程度上，也许你对科学所呈现的图景并不完全满意，要知道，不只你这么想，这可能也不会是我的首选。但请回想一下你在生命中做过的最重要的决定、经历过的意义重大的人生转折，我知道自己的人生旅程已经有了不少变化，我想你也是，而且我想你已经完成了你引以为豪的事情，并目睹所爱之人也完成了这一过程。即便这些里程碑式的事件是我们明智应对、适应环境内的可控因素得来的成果，并没有借助施动性，那么正如沃勒所说的，这不正好留给我们足够的空间去发挥施动性吗？

心理施动性

我推进与本书相关的施动性话题时不会再用前面提到自由意志时的方式，自由意志触发了哲学、科学和宗教方面的热议，虽然有意思但跑得有点儿远。相反，我认为这种棘手话题的推进得换个新角度，对那些我们能影响的方面，我会用新的术语来表述。"施动性"本身就包含有意识、有意图的选择和意志行动力，这一点我很认可。如果我们审视自身就会发现，有意识的觉知、行动意图和无须依靠外界信息实施行动的能力共同构成了这种施动力。因此从这里开始，我们将把前文所说的每个人都有的能力称为"心理施动性"，它所描述的是，我们在自身觉知的帮助下，有意识、有意图地采取的所有潜在行为。我快速搭建了"觉知矩阵"体系，来阐明有意识的觉知的不同层级，在这里我们将发现，我们未特别觉知的、更具自动性的、基于反应的回应或行动总会落入一个连续统一体中，这个统一体从我们有意识但被动地觉知的行动一直延续到完全无意识的行动。关于施动性感知及其原因，我很期待在未来几年中，从科学方面对其存在的真实性了解更多。

同时，我还关注我们应该怎么对待真实存在（也可能是臆想）的施动性。但为了简洁易懂，文章从两个可行的假设入手：第一，施动性判断，我们自身作为施动者的认知评估，对于我们的动机、幸福感和目的感相当重要；第二，我们可能具有与有意识的觉知相关的施动性，不过我们运用这种施动性的能力可以归结为获得使用这种能力的技巧。然而，正是在这个基础上，我们才能有心理方面的施动性，即我所说的心理施动性。当然，我会让各位读者自行决定在自由意志方面的立场，而我结合自身经验以及对我往期培训学员的观察，采取以下立场：我们的觉知和心理施动性共同使有意识的行动成为可能。

感知的流程

12个自我发现的每一个都说明了我们有能力对内心及周围环境的某些方面产生直接或间接的影响。本章的主要内容是感知价值流程图视角下的自我发现，以及与感知价值流程图内容相同但表达更简洁的自我发现：感知+解释=自己的现实。

如果单看"感知价值流程图"这个标题，我们很快就能从中看出关于本次训练的意图和目标的一些要点。首先，这意味着价值来自绘制我们需了解的流程的各个环节，即感知本身。也就是说，我们要清楚地表达出，在当下存在的过程或体系中我们还没有看见但已经被创造出的价值，或者能被识别的价值。这是我们努力的另一面。"流程"是指所绘制任何过程的持续流动。既然我们试图描绘感知，那么可以说，我们也是在描绘自己的意识流程，至少是感知流程。虽说我们的觉知摸不着也看不到，但在我们的感知能力与感知价值流程图中，觉知事物的能力是相伴而行的。实际上，单词"感知"（perception）的含义之一就是意识到或感知到。至于感知主体本身以及主体在何种程度上进行有意识的觉知，我们将在探索自我意识时再深入分析。

自我发现：感知+解释=自己的现实

审视感觉输入的过程，我们可能会发现自己的大脑似乎只是对外界触发我们情绪及反应的现象或事件做出了简单的反应。但我们已经知道，从感知运动角度看，这应该不是事实。首先我们要思考感觉输入的性质及其作用，它以外部刺激、体内感觉和心理活动的形式出现。我们的感官接收着规模庞大的数据——如今我们接收的数据是有史以来最多的——其范围包括所处环境提供的和自愿汲取的感官信息。后一类型的输入有两个特点：一是让我们有意图地选择关注对象，二是在我们未经思考时就已大量地、无意识地接收了信息。绝大部分时间，我们只是时不时地选择性察觉到自己感官所接收到的信息，大脑就利用这些信息验证其预测是否符合实际并进行校准。如果我们出一个类似药品的商用免责声明，那这份声明可能会这样写："易出现幻想性感知，并经常处于机械行动状态。"

大多数时候，我们是在无意识状态下觉察到（或者没有觉察到）自身感官处理的内容的，很少见的情况是在感官进行感知工作的同时，我们就能意识到它的作用。举个例子，眼睛处理视觉信息时我们一般不会关注它们，但如果视线中出现阻碍物（例如眼睫毛）或是一只小虫撞到眼球上，我们就会去关注了。类似地，我们通常不会去注意发生在体内、基本上难以感知的自主机能，例如消化能力，而一旦它们出了岔子，我们就会高度关注。幸运的是，人脑和身体的活动节奏同步，这样大脑就能保持其生态系统每周7天、每天24小时无休止地运转，我们也不用刻意去觉察它复杂精妙的活动。这就好比一位家长打从子女出生就一直为其辛勤付出，而子女却极少能感知到。谈及人体时，除了我们自己造成的干扰，我们的身体对自己的照顾简直是滴水不漏，实在是精妙卓绝。

感知和我们想象的一样吗？

大脑、身体之间存在着双向互动，大脑运用某些机制来读懂并解释身体信号和外来感觉信息。大脑让自己时刻准备着，结合所处形势以及当下可用的代谢资源，做出恰当明智的反应。在感官感知和大脑对外来数据的处理方面，莉莎·费德曼·巴瑞特解释了人脑如何凭借自己的信息统计能力和预测分析能力，为我们模拟并校准感知的现实。据她描述，大脑会连续不停地预设将要发生之事，并核对其预设的准确性，利用可用资源修正预设中的错误。大脑进行同步"下注"时，还会在实时模拟中把预测将要经历之事与我们以前的经历、内感受器感觉、感官输入信息进行比较。大脑必须利用概念、文字和我们在既定环境中的目标来进一步转换这些输入信息，才能产生具体、可行的意义。可以理解的是，以前的经历会过度影响我们的感知，因为它进入了大脑在当时需处理的数据中。接着，大脑会利用来自感官和内感受器感觉的输入信息选择最符合其正确预设的一例，如果处理的信息涉及情感、情绪等，这些信息就是关键数据点。

就拿今早发生的事为例。我按照往常的操作流程，打算用爱乐压咖啡壶为自己制作一杯咖啡。首先烧开水，然后研磨咖啡豆，接着将少量咖啡粉放入咖啡壶底部，到时候咖啡渣会被筛留在壶底，而萃取出的咖啡则会经过滤纸流进我最爱的蓝绿色陶瓷杯里。但如果我像今早那样忘了在底部放滤纸，那热水倒进壶身的时候就会把咖啡粉全部冲散。对大脑来说，这些似乎挺简单的早餐咖啡制作步骤简单就是一个奇迹，但偶尔也会失误。我的大脑必须根据以前冲咖啡的经历预演一下，但预演对象不是滴滤式咖啡机、滤网式法式咖啡壶、渗滤式咖啡壶或者法式压滤壶，而是爱乐压咖啡壶。大脑得预测它学到的用爱乐压咖啡壶制作咖啡的每一个步骤，这是过程的一部分。我有时会忘记放滤纸，这挺让人无奈，不过也证实了当时的我多么疲倦，更说明咖啡在提神上真帮了我大忙。失误也体现出它的价值——明天冲咖啡时我会更加注意，因为我记得没放滤纸带来的痛苦教训，那就是要把橱柜和厨房地板上四处溅满的咖啡渣和滚烫的棕色液体清理干净。这还只是一件事。若再考虑到活着必需的新陈代谢和自主神经活动的维持和运转，我们的大脑要负责安排一系列繁杂且持续进行的过程和任务，要估量这个安排都很难，更不用说去透彻理解了。

保持活跃——大脑的苦差事

我们的大脑每时每刻所进行的维持机体正常运转的工作可不是什么小任务。我猜像这种工作，没有几个人会踊跃报名争取。我们的大脑必须知道每个部位在每一刻都在做什么，以及它面对的各类工作正常进行所需的时间。同时，大脑还要注意工作过程中人体的能量来源和储备。大脑不断预测并对其进行修正，在这个过程中它才能持续产生、校准和优化心理模式和概念，通过这些心理模式和概念，现实（我们最优秀的创造之物）才有了意义。

若仅依靠反应来处理信息，大脑无法如此高效顺利地进行这项工作，它只会大量占用人体构造所无法应付的代谢空间。因此，大脑现有的工作方式是最好的选择：对关系到一系列重要反馈回路的现实，预测并模拟对其的感知。对我们来说，这最终意味着我们在有意识地觉知之前就已有大量感知。在很多方面，我们是感知和情绪的受益者和接收者。因为它们是在前意识层面相互作用的，所以关于它们最终如何起效，我们并没有明确的观点。我们会带着"有意识的觉知"出现在之后的"余兴派对"上，那时我们才有可能通过感官输入、感官感觉和概念化，对可用信息被进一步转化为感知产生影响。只有这样，有意识觉知才有机会融合并转变占主导地位的前意识感知的立场和含义。

简而言之，我们最有可能控制的与感知相关的因素出现在以下阶段：有意图的解释阶段，以及对信息的初步感知和解释做出反应的阶段。换言之，在大脑对感知建构点进行预测、模拟和校准后，我们就能够有意识地进行干预（见图3-1）。

解释

无意识的、习惯性的和意向性的意义形成
- 概念和单词
- 心理模式
- 思维习惯

心理看板

- 先前的经历、期望和信念

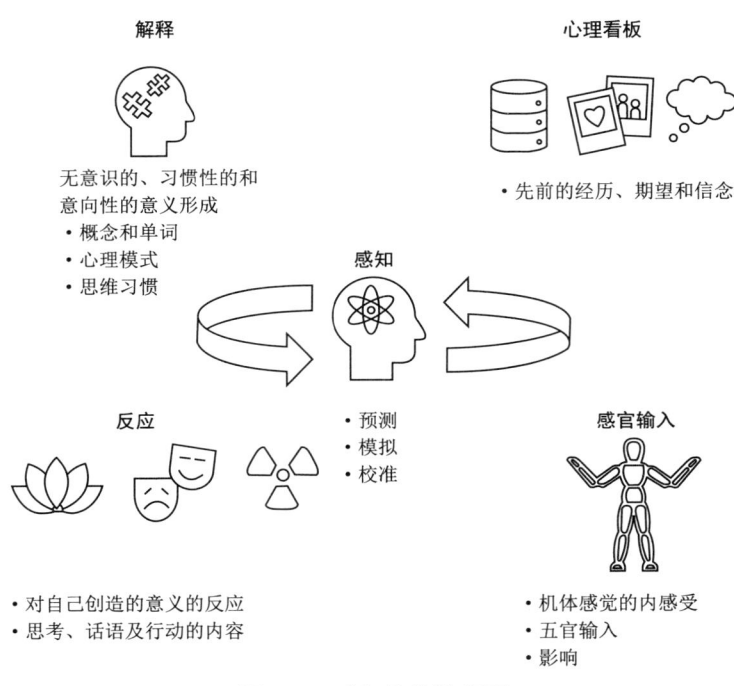

感知
- 预测
- 模拟
- 校准

反应

- 对自己创造的意义的反应
- 思考、话语及行动的内容

感官输入

- 机体感觉的内感受
- 五官输入
- 影响

图3-1 感知价值流程图

来源：© Brain Capital LLC.

开启影响的第一道大门，是我们自觉而非被动地意识到自身感知的时刻。随后覆盖其上的记述为影响的可能性打开了第二道门。在大脑对所处环境进行初步的前意识解释后，当我们试图进一步理解大脑督促我们去理解的事物时，我们的觉知与心理灵活性就会开始选择，我们要让理解和反应的惯性顺序起作用，还要让自觉而有意图的顺序也起作用。感知的过程并非单一、线性的，而是一直存在并持续发展着的，而感知价值流程图则用箭头指出这些持续存在的反馈回路和校准行为，它尽可能多地包含了相关因素。

我们到底可以在哪些方面产生影响？

我们的心理看板（可以看作可适时调用的"库存"）喻指我们所有的经历、期望和信念，大脑利用心理看板，把它对即将发生的事及其对身体影响的预测进行分类整理。有一点要说清楚，并不是真的存在那种大脑能从中取出过往经历的实体仓库或专属地址。大脑使用自己的内感受器和控制网络，通过统计学习和预测分析处理其获得的信息，以模拟我们的感知。先不说这些信息在大脑中的储存区域和检索途径，我们能够左右的有这几方面：心理看板中需要增加的内容，看板上的重点内容，以及看板的使用频率。再补充一点，我们还能决定自己要专注的对象和专注的时长。[1]

还记得前面提到的为我们做选择的情感火花吗？要是你的火花一直是啤酒和墨西哥炸猪皮，那你就会收获一个大肚腩，要不然你就需要用日常在卧室跳萨尔萨舞来代替这个饮食习惯——注意不是那个你配着薯片吃的萨尔萨辣番茄酱。

如果你和我 15 岁的儿子一样是个二战迷，那你应该相当了解二战中的每场战役以及二战的转折点。这样看来，似乎是我们的兴趣选择了我们，但是我们在这方面其实是有话语权的。我不知道你怎么想，但我在青年时期从没想过自己会喜欢，比如，性方面的事情，直到后来我了解到有一门学科叫"形而上之性与量子之性"——我指的是物理学方面——其中许多话题我都很感兴趣，例如人类的起源和宇宙的本质等。

每一次新的经历都被我们加在存放知识、应用和理解的看板上，正是这些经历构成了大脑提取信息的源头。虽然进程缓慢，但我们仍能对其有所影响。如果认为只靠研究和阅读相关资料就能轻松了解性或物理这类事物的本质，我们就遗漏了一种完善的学习方式，它也被称为"进程式学习"。这种基于应用的学习所采用的方法是重复实践或运用。如果仅靠智识去了解某事物，我们就会像河底的沉石，即使深浸永不停歇的水流，内部依旧干燥，无法被浸湿。[2]

我们能改变自己的视角

我们的心理拥有许多独特的能力，其中一个是对我们的觉知采取不同的感知立场。无论我们的关注对象有无实体，我们都可以放大、缩小或调整自己的关注范围。你可采取的感知立场有很多。大多数时间，我们更关注外部的、有形的现象，而更少关注内部的活动。要使觉知能采取的立场更灵活多样，就需要进行实践。我们都得训练自己关注内心，以了解并熟悉自己的心灵，这相当于冥想。也就是说，我们需要逐渐熟悉自己的内心。

以下能力对我们做好任何事——尤其是自己想做的事——是极为关键的：从有意识地觉知发展到有能力采取不同的感知立场。请再读一遍上面这句话，并真正领会其中的含义。如果有人告诉你，想要做好生命中的每件事，你就得运用心理的灵活性与施动性，你相信之后不会把训练这项能力作为你的头等大事吗？

我们每个人都遇到过的一个问题是：我们本就不适合一直保持专注状态。第一，代谢消耗太大；第二，某些时候，它会变成一件回报递减的事。在被动感知到无意识觉知的状态中，我们还有能力做事，这是有原因的。但如果意识能够学会采用一种立场，保持既开放又自觉、既放松又清醒的状态呢？这种觉知不会让人感到局促、拘束、受限、费神或疲倦，它与那些习惯性的视角相反，是众多我们可采用的视角之一，它能让有意识的觉知不被概念化，让大脑不用为保持专注而伤神费力（在我们需要长时间专注而没有其他心理立场可用时）。

我们的心理天性游移，时常四处游走。实际上，相比心静神定，我们心驰神游的时候更多。在神游与有意识觉知反复切换的过程中，我们度过了在这个地球上的大部分时光，而心理则总在岔路上游荡，时而专注，时而迷离。有趣的是，在养成观察自身心理现象出现又消失的习惯之前，我们不会去注意自己的心理在运动中消耗了多少，也不会注意我们实际产生了多少心理活动。有些人声称自己能控制那些突然显露于觉知表面的思想或感觉，但认真思考几次就知道，我们并不能控制这些思想。只有当你好好关注自己心理流中显露的事物，你才会意识到，你无法控制心理活动带来的思想、感觉、情绪、记忆、观念等。但是，你可以训练自己去注意和观察它们，你能够知晓自己的心理活动。实际上，可用的方法很多，例如觉知到自己的一个想法后就丢掉它。你也可以试着注意自己想法的来源和去向。你可以数呼吸的次数，发现自己分心了就重新数。我一直认为数自己的想法更有意义，因为我们的想法太多，还容易因此分心，但我猜即便这样，我们也会很快就数不清了。你的心理活动就没有真正停歇的时候，不过得看你飘离有意识觉知有多远。

虽然我们无法真正控制思想或心理活动，但我们有能力学习一些策略，让它们产生相互联系。我们可以让自身的想法通过以下方式相互关联：在对这些想法的觉知所创造的空间里，我们可以决定它们在何种程度上影响我们。仅靠觉知我们的想法或感受，并掌握它们可能引发的心理评判和阐释的新方式，我们就能更有意识地对头脑中的虚幻舞蹈施加影响。

回溯单词"正念"（mindfulness）的词源，在梵文里叫 smṛti，在巴利文中叫 sati，它们都有"回忆"或"回想"的意思，也都有除此之外的其他含义。然而我最喜欢的含义是"不散乱的心智""随时记得召回意识""随时记得自己的念想"。我们从何处得来这样的能力？我们的心理有能力驱使或引领自己朝向它所记得的事情。当我们处于被动感知状态或几乎没有觉知时，我们是由体内和外界的即时信号以及由此产生的相应惯性反应来引导注意力之舵的。但是，当处在有意识状态时，我们就可以把觉知之舵引向我们选择的任何感知立场。在讨论自身觉知的自然属性及其表现时，我们会对这些立场有更详细的了解。

在被动感知模式下，我们会默认已成习惯或例行的事情，包括从直接经历中生成意义时用到的认知模式或心理模式。这些模式是从哪儿来的？其中一个来源是我们的教养，这个教养指的是抚养我们长大的环境。挺有趣的一个词，对不对？仔细想想，我确实感到自己是被教养以及有生以来的各种经历"抚养"大的。我们观察世界，参与实践，反复多次，不断学习。外界教会我们的以及自己经历过的一切，都会落在我们的心理看板上（并非字面意义，而是比喻意义），供大脑随时选用，让大脑在理解现实时据此生成意义。所以，有时候我们熟练地或妥当地处理某件事情时，不一定是刻意为之，这是我们的学习和反复实践在发挥作用，直到它成为我们在被动感知模式下掌握的一个思想–行动序列。我们的头脑和身体会迅速反应并做出正确的事，但这不同于在正念中或在有意识觉知下行事。和其他习惯一样，在将"正念"作为一种有意识的觉知方式建立起来之前，我们必须依靠注意力的方向舵。换言之，我们必须以有意识、有目的的觉知开始。

因此，虽然我们有能力直接影响大脑，但想要在最需要的时候做到这一点，就要不断练习，没有例外。大脑常常表现得像一个淘气的孩子，我早该明白的：我以前就有，现在又多了四个——不是大脑而是我的孩子。当我们命令大脑（或小孩）安静下来时，它反而更加紧张焦虑、坐立难安。当我们提醒自己不要想事情时，脑子却在飞速运转，产生的心理活动之多超过了我们的想象。当我们让它平和点儿，它就朝我们和其他人吐吐舌头。除非我们熟悉自己的心理运作方式和习惯，不然它就会变得不受管控，四处乱走。当我们无法驾驭自己的心理时，它就会飘忽游离，行踪不定。只有掌

"舵"前行，我们的心理才能带我们去向往之地，至少也能一直引导我们，直到最终到达那里。

我虽然不知道你怎么样，但我的大脑总试着摧残自己，比我给予它的关注更频繁。虽说我们常常因为笨拙的自我表现方式或行动把事情弄得一团糟，但在身陷麻烦之前，控制情势的缰绳是在我们自己手中的，而为数不多的失控情况，是因为我们过快地做出了不由自主的反应。如果我们能把觉知和有意识的关注带进这个局面，我们代表自己进行干预的可能性就更大了。如果即将来临的错误不可避免，我们可以在评估和回应之间留出足够的空间，以使自己做出的反应更恰当。换句话说，要懂得如何刹车、何时刹车。需要明确的是，这并不是让我们否定自己的感受，而是用觉知与感受建立联系，使自己能对所处情境做出新的解释，从而给出更严谨的反应。我们正在描述如何使用觉知的舵引导自己的方向，如果它不在场，我们反应和行动的过程就会完全不同。这种对心理的调节与对身体的调节类似，让你不用移动身体就能看到不同的视角。我们的觉知之内自有一个方向舵，当我们观察意识的特性和表达方式时会发现，对于如何利用觉知来修正自己的观点，可选择的方法有很多。

在刺激与反应中发挥施动性

直到最近，我才开始讨论如何在刺激和反应之间发挥自己的施动性。你也许对维克多·弗兰克尔（Viktor E. Frankl）的名言比较熟悉："在刺激和反应之间有一片空间，在那里我们能够选择自己做何反应。我们的反应体现了我们的成长与自由。"以前我对此的解释是，这些空间就是我们的拐点，如果能把握住它们，我们就有直接影响它们的可能。然而，在基于情绪的建构观中，大脑并不会严格按照刺激–反应机制做出反应，而是会预设性地模拟将要发生之事。大脑并不是对新输入的信息做出简单的反应，而是通过预测以及修正，将其对信息的解释和反应概念化并付诸行动。换句话说，我们做出直接反应的对象可能不是刺激本身，而是对事件的预测和对恰当应对方式的猜想。大脑一旦凭借可用的数据（也就是我们的经历）模拟了将会发生的事，就会结合感官和内感受器感觉来解释和修正预测错误。因为预测、校准到修正预测错误之间的无限循环只是个假想，所以很难说有意识的觉知能够进行干预的拐点具体在哪儿。不管我们如何谈论感知，这两种思维模型都没有阻止我们将"觉知"引入这个无限循环中以避免或改善我们反应的不熟练，并选择一个更好的反应。

例如，你知道有些事说了或做了不会被人接受，但你还是说了或做了，这就是你基于当下的一点点觉知在采取行动，此时运用觉知的能力是最有帮助的，也是最难做到的。我们如果不训练自身的觉知，不培养在习以为常的环境中重新定位觉知的能力，前面那种行动是根本做不到的，碰运气都不行。对许多人来说，这种程度的个人行为要承担的责任可能是相当沉重的。但是，它让我们区分出，是放弃我们所能影响的事情，默认自己的心理和行为习惯，还是使用自己的心理施动性，选择一个经过深思熟虑的反应。那么你会怎么选择呢？是选择正视现实、体现施动性的"红药丸"，还是选择顺应现状、不做改变的"蓝药丸"？[3]

有意识的觉知

我们有可能影响自身内部的唯一途径，就是自己有意识的觉知。在图 3-2 中，你能看到各种我们能施加影响的感知过程与机能，以及在我们没有运用有意识的觉知时主导我们生活的无意识过程与机能，从我们被动感知的内容，到由前意识转至无意识的过程。你会发现，我们能极大地直接或间接影响自身，这可以用来锻炼我们的心理施动性。第一种方

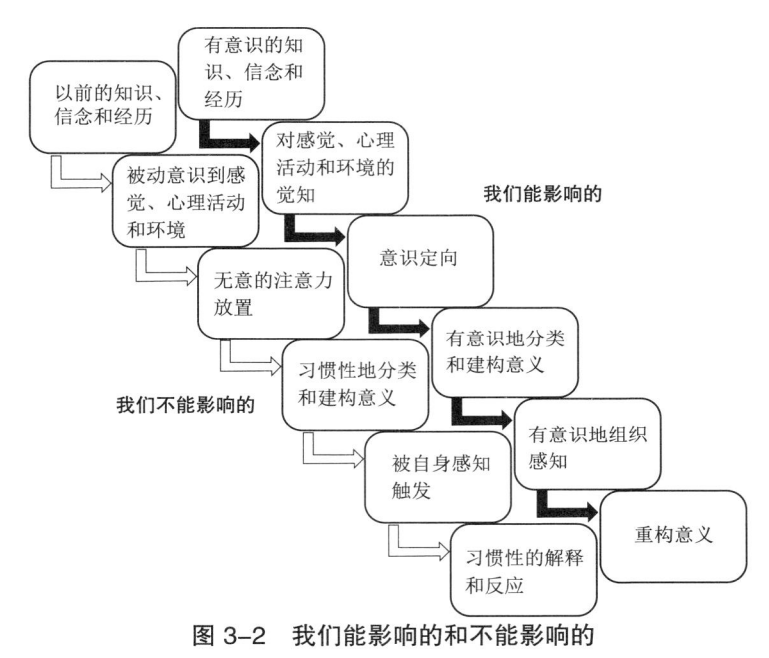

图 3-2　我们能影响的和不能影响的

来源：© Brain Capital LLC.

式是转变我们的"观点"或感知立场，这在本章前面提到过，在后面几章中会详细阐述。第二种方式是从以下两种方法中任选一个，重构自己的意义：一是觉知身体的感觉和信号，并对它们的含义重新分类，以达到更好的情绪粒度[1]；

---

[1] 情绪粒度（emotional granularity）是莉莎·费德曼·巴瑞特在20世纪90年代提出的概念，它指的是一个人区分并识别自己具体感受的能力。巴瑞特研究发现，当你能精确地描述当前发生了什么或者你到底经历了什么的时候，你会更容易找到处理这种情绪的解决方案。——译者注

二是通过觉知自身的心理模式、信念和态度，对感知进行有意识、有意图的解释，希望能更好地服务我们自身及周围的人。

但是，以上方法的首要要求，就是觉知当下并展开行动。在某种程度上，我们已经发展了觉知中的机动性，这种内在性质可以作为一种方法，与自身其他思维习惯进行协作。

借助自身觉知，我们能够获得所有有关思考和认知的方法、工具和策略，它们随时可用于处理我们的感知。任何我们想完成的事，都需要觉知和意识的主动参与。我们如果不能立刻使用自身觉知，就要养成熟练应对某些特定变量的习惯——这些变量当然不是给定的。

确定自己是否有直接影响的能力很重要。12个自我发现的每一个都给出了可用于重新建构当下意义的方法，并提醒我们如何发挥我们的内在智慧。只有当我们开始注意并着手构建自己的现实时，我们才开始在这个过程中重获立足点，否则，我们大部分时间会感到情势脱离了自己的掌控。对与情绪效价及其突显性相关的身体感觉的含义进行重新分类，重新解释当下正在发生的事，这样的能力让我们有机会在行动和言语中注入智慧、同理心和同情心，以及其他同样有益的因素。如果没有这种能力，人类几乎不可能做到提前制止或减轻嫉妒、仇恨、分裂和"我们-他们"的对立思维所带来的伤害。没有足够的觉知训练，人与人之间的相处方式、人的善良天性与尊严都将是不稳定的。要在行为上做出改变，就要改变我们看待事物的态度以及与事物建立联系的方式。

我们无法控制的事物

在生活中，你会费神去控制但实际上根本控制不了的事物是什么？你是否能意识到自己在试图控制他人的行动或情绪，或是你无法控制的其他情况？如果是，那么你试图控制的究竟是什么？有一个关于学习冥想和了解自己心灵的比喻。在亚洲的乡村地区，水牛和耕牛一般是用鼻绳牵着的。敏感的牛鼻孔间穿着一个环，环上系着绳，即使是轻轻拉一下绳，对牛来说也是极其痛苦的折磨。这个比喻的核心是要告诉我们，千万别把自己的鼻绳交出去。鼻绳可以代表很多事物，包括人、环境，甚至是我们自己的想法、情绪和精神状态，我们任由自己被这些"鼻绳"牵着到处跑。其中的寓意是，我们需要学会在意识到自己的鼻绳已经交出去后，如何把它收回来。回看你的人生，有哪些时候你需要拿回自己的鼻绳？换句话说，是否在一些方面你没有对可控之事负责或发挥作用？比如你按习惯去理解自己的感知、反应、言语、行动或态度。如果我们不抓住每一个机会来发展自己的觉知，我们就没有能力施加影响，也就是抓不住自己的鼻绳。

可能你相当清楚对自己来说什么能控制、什么控制不了，但据我的经验，我们常无意中试图在我们没有把握或没有可能的地方施加控制。我的目的并不是要列出一份囊括所有我们无法控制的事情的清单——虽说这样的清单有让人清醒的潜力——但我认为值得花点时间去关注我在自己和其他人身上观察到的碰壁的情形。首先，我们来讨论一下预期。我们每个人都声称自己不会去预期要发生什么，但就像美国内衣品牌SPANX在其商标上承诺的"平腹美臀"，我们的预期是一种看不见却又处处存在的幻觉，被整齐叠起，藏在严丝合缝的现实自我之下。当然，我们可以学会关注、调整或重新设定自己的预期，或者干脆决定去关注利害攸关之事，而不是自己的日常，但所有情况下我们都必须知道自己最初的预期是什么。就算我们说自己没有预期（事实是我们有），它也只是在落空之前处于不被关注的状态，直到达成了才显现出来。如果大脑无须嘴这个媒介就能和我们说话——即说出我们所谓的思想和感觉——我们的预期将会是大脑的预期或现实自我的预期，它会依据以前的类似情形来表达它认为应该发生的事。从大脑的角度来看，预期落空，其实是大脑对预期之事没有发生感到难以置信。如果预期是大脑预测能力的输出，那么偏见就是大脑的假设和各种影响导致的副产品，这个副产品的运作与意义建构能力有关。

我们的预期来自自己的观察或接受的教育，基本上是我们经历中的"头条"。无论是以道德、宗教或哲学观点为基础，还是以我们的教养、社会经济地位或教育背景为根据，大脑从我们一生的信息输入中预测性地整合出的海量意义线索让人惊异。计算机科学家让人工神经网络模拟大脑，去同时处理数千亿条互联输入的信息，这件事大脑自然而然地就做到了。

期望落空，会导致两种典型反应：我们要么开始意识到自己最初的预期是什么（尽管我们可以发誓自己没有任何预期），要么就会变得暴躁，失去耐心。此外，我们经常从别人的意图中解读为什么他们没有达到我们的期望，却忘记了他们可能压根儿没有觉察我们的期望，毕竟有时候我们自己都没有意识到，他们又如何能做到？如果别人触犯了我们在意的事物，无论有意无意，很可能只是为了满足自己的需求。通常情况下，这和我们没什么关系，除非是像我15岁的儿子一样出于某种动机，也就是惹我生气，想看看他的母亲（简直就是高情商代表的一位女士）会如何应对。当现实告诉我们期望落空，我们可能会试图对那些没有预想到我们需求的人施压，这样做对双方都不好。以下是有关我自己思维习惯的一则逸事，也是我在第 2 章中提到的故事的后续。[①]

耐心的人才有收获[4]

我的女儿比预产期提前一天出生，但从那以后凡事她都会晚 10 分钟左右。谁能想到提前一天拥有她会付出这样的代价呢？她迟到的习惯在她上中学的时候就开始影响我和她弟弟。我过去常常开车穿过整个镇子送她和她弟弟去学校。因为我女儿的习惯性迟到，只要第一声铃响（铃只响一次）时她不在教室里且屁股坐在椅子上，学校就会对她采取严厉措施。学校的做法被称为"死脑筋"，我猜人们这么说也不是没有原因的。迟到的小孩整个第一节课都要坐在前门外的长凳上。虽然我本可以想这是我女儿应得的结果并接受它，但当它开始影响我儿子和我的时候——那时我的工作必须准点到岗——这种想法就行不通了。我们试过各种方法：闹钟定早一点儿；早上要洗的澡挪到晚上洗；提前准备好第二天穿的衣服——不过就是校服，根本没什么可挑的；我们还尝试让女儿早点儿睡觉，但这些都无济于事。本来我不该

---

① 指第 2 章的"自我发现 8"一节中提到的女儿做事总是拖延的问题。——编者注

发脾气、怒吼甚至失去理智，但结果是我当时只有 6 岁的儿子平静地把背包放下来，抱着双臂靠在车库入口处，摇着头看我发怒，而我女儿在房子里东跑西跑，好像她是闯关节目《勇敢向前冲》（*Wipe-Out*）的选手，每天早上都要在她完成一个似有实无的挑战的第七回合后，我们才能离开家。

那段时间，我开始和教练一起工作——我习惯了坐在教练的座位上，但从来不习惯作为被辅导的人坐在那儿。我的教练在辅导课上听我多次说到这个情况后，让我做了两件事：首先，她让我拿出一张纸，在上面画一个点，再以此为圆心画两个同心圆，然后让我盯着这个像牛眼睛似的东西——毫无疑问，这意味着理解力或是即将到来的糟心事。她让我把自己能直接影响的所有事写在内圈。虽然没问，但我想那个点代表的应该是我。然后，她让我把能想到的所有我无法直接控制的事情写在内外圈之间的区域。当我想不出来了，她就问："还有你女儿总是迟到的问题呢？它该写在哪里？孩子的学校在哪种程度上符合它们的名声？"诸如此类。在确定我无法影响女儿之后（不管是她的迟到倾向，还是学校对她迟到问题的生硬的处理方式），我的教练问了我一个换位思考的问题："如果你没有试着保护你的女儿免遭迟到带来的惩罚，那会怎么样？如果她还没准备好上学，那就把她留在家，你只送儿子准时到校，又会如何呢？"我自己也反思："就该这么想！老天！我之前是脑子生锈了吗？我的脑子就是一团糨糊，怎么还能养四个孩子？"哦，我就是因为脑子是一团糨糊才养了四个孩子。虽然这些问题让人挺难受，但接下来的一个问题至今都深深地触动着我。她问我："米歇尔，你觉得你的孩子跟你待在一起是什么感觉？"听到这个问题，我感到我的心直接沉到了肚脐眼——虽说它俩现在确实更近了——我的眼里饱含泪水，而且后来每次想起这个问题时都会这样。

教练问的这些问题看似普通，却是赠予我的一件礼物：它们带来了我观念上的转变。这能让我看清我的期望是如何妨碍我与我最在意的人——比如我的孩子——之间的关系的。每天早晨的我通过无能怒吼，想改变这日复一日的时空统一体，设法矫正女儿与时间之间的错位，但最终只是徒劳。顺便说一下，在那之后不久，我女儿又一次没准备好按时上学，我便把她留在家里，那一次，我没有大吼也没有发怒。当时把她留在家里，我的心紧了一紧，但还是认定在那种情况下顺其自然是对的。接下来我知道我该挥手向女儿告别了，就像儿子那样，只不过他的手挥得要热情得多。虽说这一次并没有彻底解决女儿迟到的问题，但的确激起她行为表现上的不同。她希望在学校表现良好，但同时有可能因为不守时被困在家，这不匹配的两方面让女儿暂时不再和时间较劲。只要我发现自己情绪过激或难以自控了，我就会自问："跟你待在一起是什么感觉？"这已经成为我众多的私人秘语之一，用以提醒自己转变观念，并从中发现新事物。面对同样的问题，你又会如何回答呢？

任何人有卡拉这样的教练都会受益良多，但要转变观念，最终还得与自己的内在教练形成亲密关系。自身的觉知是你永远可以寻求帮助的内在教练。通过练习熟悉自身的觉知，你会开始关注自己的思维习惯，并且在你即将被旧习惯驾驭时控制自己。渐渐地，你将学会识破自己思维习惯的各种伪装，并能够以最恰当的方式——问候，以茶相邀，然后用自己有意识的觉知来安抚、指引它们。

我们无法直接影响的事物有很多，但如你所见，我们能够直接影响的也很多。既然无法改变自己不能控制的事物，我们就要专注于在能力范围之内行事，它基本源于我们的内心，源于我们自身，可以归结为我们有意识地做出不同选择的能力。如果可以施加间接影响，比如前面的例子中我们对自己心理看板的补充和强化，我们就可以也应该每一次都有选择地、有意图地在看板中添加东西。如果你发现自己有麻烦、状态沮丧或身处复杂形势中，就问问自己："此时此刻，我对自己的内心有什么样的影响？"这也许会有帮助。

第 4 章
你是一切经验的来源

你的世界是你一手创造的。越明白这一点，
就越有必要去发现那个"创造者"究竟是谁。

——埃里克·迈克尔·利文斯

我们唯一无法逃离的地方是哪里？我们度过一生的地方是哪里？答案是我们的身体和心灵。许多人一生都受缚于自己感知、加工和理解信息的惯性方式，甚至都没有意识到自身对现实理解所起的作用。一旦发现觉知是我们自己创建的逃离通道，我们就能瞥见那些看不见的心理态度和心理构造，它们束缚着我们，而我们的意识对此却毫无察觉。在生命中的任何时刻，我们都体验着几乎永不停歇的感知、思想、感觉和情绪，这都要归因于我们的大脑、我们的社会环境和我们的经历。

如果把你人生的每一天都拍进你最爱的网飞电视剧的一集中，你会给现在这一天取什么名字？你会给这一系列的电视剧取什么名字？如果你从他人的清晰视角审视自己的生活，你会看到什么？如果有热搜头条，这个系列电视剧会有什么样的头条？到时候你会怎么向一起看剧的人描述组成你生活系列剧的剧情？作为主角，你有什么优点和烦恼？剧中有哪些事是身处其中的你毫无觉察而旁人一目了然的？如果可以给主角（或许就是某一面的你自己）一条建议，你会给出什么建议？

我们一次次出现在自己的人生场景中，如同电影设定，或是全程出现，或是片段出现，后者就像替身演员，只在危险或有争议的场景中出镜。整个过程中，我们有意识的觉知时而浮现，时而隐藏，不知道自己从何处来，怎么来到此处，接下来又该去哪儿。我们每天就这样过着，我们日复一日地醒来，直到有一天再也醒不来。无论我们出演的场景有多少，或是和我们同场表演直至剧终的其他演员如何变化，我们所有的惯性反应都几乎不曾改变。每当发现自己置身于一个新环境中，我们都会尽最大努力去适应该环境的"参数"，无论这些"参数"能否预测，是简单明了还是复杂难懂。然而，我们用来理解这些不断变化的参数的思维习惯，远不及身处的外部环境那么清晰可见。如果我们想要了解比现在的自己更好的那个自己，我们就必须揭下内心的神秘面纱，并觉察到自己一贯的行动源泉。我们每个人都有责任去弄清楚自己在生活中习惯性默认并使用的选项集合和心理模式，它们时不时闪现在我们的觉知中。如果我们自己都不去做这些事，我保证别人就更不会了。我留给你们的问题是：

如果我们是人生大戏中的替身演员，只在危急关头出现，那么平时演出的是谁？我们是谁的替身？谁是主演？这个人有能力、有效率、靠得住吗？

想想自己将要过上一两个小时完全没有筛选的生活，就像煮一壶没有过滤的咖啡。你无视那些打记事起就深嵌于脑海中的社会规范和礼节，它们就像那些咖啡滤具。当然，我们学过咖啡滤具的很多功能，打比方来说，其中一个就是防止粗粝的咖啡渣把人噎着。这个类比可能过于简单，不过你能明白其中的意思。但涉及自身思维习惯的"滤具"会更精密、更复杂，且有细微的不同。回到咖啡滤具这个比喻上来，你用哪种水煮咖啡呢？煮咖啡的器具又是什么？你喝哪个品种的咖啡？你研磨的咖啡豆粗细如何？你在咖啡里加的是奶精还是甜味剂，还是两种都加？这些都会影响你咖啡的最终口味，对吧？在自身的心理、觉知方面，如何感知现实、如何理解感知到的内容以及如何利用这些信息采取行动，我们需要实现这样的确定性和精准性。

感知是宇宙的原点

我们体内的能量和智慧为人生提供了各种可能性，同样，我们每个人都是自己一切体验的共同来源。我们的感知是宇宙的原点，或者叫参照点，万事万物都是从这里展开的。我们内在的认识和觉知能力使我们有可能去感知、观察自己心理的持续运作，对现实做出解释。你就是上演自己"生活魔法秀"的魔术师，不是别人，就是你。也就是说，代表着我们的得失、结果以及整体幸福（或幸福的缺失）的手指总会指向×××（此处添加你的名字和肖像）！如果再近一点看，我们每一刻的体验都是对以下各项的反映，并导致相应结果：

- 我们体验自己和回应自己的方式，即我们对内外景象的感知与诠释：我们的思想、感觉、情绪和内心对话，以及我们的言语和行动。
- 我们体验他人和回应他人的方式，即他人对自身内外景象的感知与诠释：他人的思想、感觉、情绪和内心对话，以及他人的言语和行动。
- 我们体验和回应内心及周围信号的方式。
- 他人体验和回应我们的方式。

我们的任务是，观察我们此刻的生活状况和我们感知、回应世界及周围人的方式，并发现二者的直接联系。现在，花点儿时间反思一下：是什么决定了你生活中的得失以及人际关系的质量？找到并描述这些因素，然后反思自身的思维习惯对自己人际关系带来的影响，以及别人对你有怎样的感受。

也许你认识一些人，他们认为自己无法控制自己的情绪或生活中遭遇的事，他们认为自己完全受制于当下身处的环境，他们于不知不觉中形成了一种受害者心态。这样的感知会如何影响他们的体验？再想想另一种人，他们在生活中试图控制别人的情绪或行为，以符合他们的期待。其他人对这种人有什么样的感受？设想一下这种人说的话、做的事以及他们给周围人带来的感受。现在，按照同样的流程，把你的观念套进去——说出在你的核心观念体系中起作用的东西，无论是默认的还是有意识选择的。你对自己的信念是什么？你认为自己是一个有意志和施动力的人吗？花一些时间来反思一下你对自己的想法，以及这种想法对你自己、你的人际关系和你的成败带来的影响。

观察你周围的人对你的出现以及你的言行是何反应。你能否觉察出环境和他人给你的所有即时反馈？你能从中发现共通的模式或主题吗？有多大程度的可能，这种发现是在你对自己的感知及别人对你的感受的对比中产生的？当你花时间去观察和倾听生活以及周围的人给你的反馈时要注意，你在力图通过解释或阐述来填补空白。

我们就是自己的参照系

科学方法论历来依赖于一种可以从客观上被了解和研究的现实图景，且该图景不受那些试图研究它的人的主观感知和方法的影响。换句话说，科学预设了一个可以被客观地研究、观察和测量的对象。不过，虽然相对于经验世界，科学赋予对现象世界的理解以优先地位，但我们对每一个对象的思考都是经过自己主观感知的，那么我们又如何能客观地了解现象呢？我肯定不是第一个，也不太可能是最后一个指出科学过程自身存在矛盾、在很大程度上不可避免地落入困境的人。我强调这个困境的原因是，在寻找自我和内在自我的意义时，我们会发现自己处在完全一样的困境中。

佛教有"相对真理或传统真理"一词，该词描述的是存在于我们错误信念最深处的、我们自认为客观且永存的自我，以及我们通过从主体到客体的视角感知现实的习惯性倾向。换句话说，我们完全习惯了通过主体（观察者）-客体（被观察者）的模式去感知自己的体验。作为一个能感觉、有意识的存在者，我们通过五种感官与外部世界及其他有感觉的存在者建立联系，后者给我们带来概念、语言和心理模式，我们用它们创造意义以解释自身所处的不断变化的环境。通过这些联系，我们可以应对当下的环境。任何时候，我们都是作为身体与心灵的主人在体验自我，因此，我们做的每一件事，包括我们参与的科学研究过程，都会回到这个相同的二元论方法的建构中，也就不足为奇了。这两种观念都表明，我们大多数人在生活中没有意识到或不愿意去承认自己习惯的主体-客体框架，在通过这个框架感知的现实中，我们是观察者，一切被我们观察的客体独立于我们之外，与我们明显不同。

由于我们没有对这种存在方式或感知方式进行充分的（更说不上是有意识的）思考，因此我们不仅偏离了自己作为行动者的轨迹，甚至很多时候还失去了从旁观者角度认识自己的能力。我们生命中的大多数时间都是在被动地感知、回应周遭环境，就如同没掌握诀窍的魔术师。我们也没有认识到自己现在的状况是习惯性的想法、言语和行动直接或间接导致的结果。相反，我们总在割裂行动与其产生的结果之间的联系，而这种割裂的趋势是由最终后果和导致此后果的惯性倾向共同造成的。

根据休·埃弗雷特（Hugh Everett）提出的量子力学的"相对态形式"，我们所看到的是一个与自身状态密切相关的世界。简言之，在他描述的充满可能性的世界中，每一次感知对观察者来说都是主观的。[1] 佛教认为每个人所感知到的东西是自己对现实的主观性体验，而我们却误以为自己所见即为经验的或客观的真理。以佛教的观点来看，我们可以从非二元论的角度去体验现象世界，在这种角度中，没有观察主体，也没有被观察客体，只有未经感知者深思的觉知。在这种情况下，我们的觉知和感知能力并不受制于主客二元的世界观。这种心理状态等同于在消除外部环境和内部环境的界限后，还保有觉知能力。但是，即使经过训练，这种感知立场也无法持续很久，因为我们习惯于根据适合我们天生心理构造的方式来感知现实，不过我们可以假设这种感知方式能够持续。假使默认我们的觉知去除了主客焦点，消解了观察者与被观察者的二元对立，那会发生什么？我们的觉知不受任何环境（也叫情感定位）影响，只有它自身去觉察和感知。可以推测，我们也许会体验到并表现出自己的心理、觉知和意识本身的特质，随你喜欢用什么名称来形容我们觉知、认识、感知的能力。我们习惯性地体验到的生活会就此改变，不是吗？

未经观察者深入思考的觉知，会使我们通常认为的客观真实的基础瓦解。那一刻，我们作为观察者去观察事物的感知被轻易地消解了。观察主体和被观察客体的身份消失了，在那一瞬间，没有正在观察的人，也没有被观察的物，只有觉知本身，而觉知是我们无法精确定位或找到的。它不是物，它是我们体验能力的基础，并且因其自身性质而被我们感受到。量子理论支持这样一种观点：我们的所见所感只能说是自身状态的反映，至少在埃弗雷特的解释中是这样的。此外，莉莎·费德曼·巴瑞特根据情绪建构观以及大脑会预测和模拟现实而不是仅对环境中的刺激做出反应这一观点，提出相似的说法："……我们自己建造出了自己的现实。"

从这些分析中可以得出以下观点：我们的参照系及据此得出的结论有着深远的意义，这些观念影响着我们理解感知的方式以及采取行动的倾向。我们每个人都有关于现实本质的信念和相应立场。我们能否觉知到这些信念的本质，取决于我们是决心探知并阐明自己的信念，还是基于自己对现实感知的无意识信念，靠惯性行事。事实证明，这一点非常重要，它是关于我们自己的许多线索之一，我们需要收集、整合相关信息。这样做是为了全面了解我们自己的心理结构中是什么，并且用它去理解自身每时每刻的体验。

最起码，理解现实的多种方式以及我们由不同观点产生的不同立场都应促使我们去问那些我们不曾想过的问题，并督促我们主动探知通过自身领悟可能获得的隐含意义。这种领悟是通过实用可行的智慧获得的。我们每个人都受限于自己直接的视线和高度主观的观点，因此在审视我们做的任何事情时，要尽力拒绝那种认为只有自己的观点正确或值得称赞的执念，这样对我们有益。由于我们研究自己的体验时唯一的选择是运用我们的觉知（它是我们心理中具有认知性的一面），并采用直接观察自己体验的方式，因此我们可以预期它会得出独到且有价值的见解。我们通过使用大致相同的硬件和参数共享多个心理模式，包括共享的意义框架，如文化、概念、词汇和语言，这些框架让我们基本能分享对现实的体验（虽说我们对现实的感知和信念差异极大，以致我们面对这些差异时会相互伤害甚至相互杀戮，压迫并征服对方）。并且，除非我们被赋予想法或动力，否则按照天性，大多数人不会有改变心理的倾向。我们的信念很大程度上源于社会的影响和所处的环境，同时也源于大脑每次模拟现实时反复使用的概念和心理模式。

为了探究那些塑造、定义、推动自身思维习惯的无形力量——我们的想法、情绪、信念、偏见、心态，以及对它们的习惯性理解——我们需要使用与观察科学研究的过程同等精确的观察方法，对能被我们察觉和感知的万事万物进行体验（尽管这种体验是主观的）。在此，你将受邀借助自己的各种内在观念来研究自身的内部景象。借助本书中讨论的实用方法、框架和实践，你完全可以具备洞察力，并能理解和转变你的思维习惯。

自我：具有施动性的我

我们在生活中做的每件事似乎并不都是为我们的身体打算的，除非我们的心理需求也归它管。这可能只是我的个人观点，但是我能理解为何会有人得出这个结论，特别是那些相信意识是基于大脑和身体的人。然而，即使有了这种对现实的理解，我们还是需要解释我们的自体感、认为自己具有施动性的感知，以及我们对"我"这个概念的信念——这个"我"即我们在这里讨论的"自我"。这并非弗洛伊德或荣格对自我的定义，而是一种对客观自我的信念，一种与他人的自我和所有格属性的"我"相对立的施动性的"我"。我们相信自我存在的目的是什么？我们对存在的身体自我的感知是有目的的，还是仅仅是我们的实践带来的一个意料之外却普遍存在的结果？我敢肯定地说，在这一章里，对这些相当令人费解的问题我们给不出一个完整答案，连部分答案都给不出。这里我借用20世纪70年代一则广告中的文字，两个青少年在争夺一块鸡蛋味华夫饼，边开玩笑边说："松开你的手，我的华夫你没有！"（L'eggo my Eggo！）[①]

尽管如此，根据在这个星球生活了近半个世纪的经验，

[①] 关于这条华夫饼广告宣传语的说明，详见 https://arnoldzwicky.org/2015/05/08/leggo-my-eggo/。——译者注

我得出了以下结论：人们会为了一项事业、一个目的、心中坚信之事或所爱之人，把自己逼得远远超出人类或身体的极限。虽然科学还没能成功地指出自我的起源、目的或功能，但佛教哲学在该方面的尝试却是相当令人信服的——对这方面进行深入研究能让你至少得一个博士学位。无论是自我受身体预算的引领和控制，还是自我控制着身体预算，该方面的内容都不太可能很快就出现在科学期刊上。我觉得"自我"能达到的心理目的之一是将我们自己的观点、所做的决定甚至自身的存在合理化。自我的存在不断被证实，主要是因为它的主客参照系，通过这个参照系，自我会在生活的方方面面持续得到强化。

我们的目标感与存在感：
一对天然的心理"保险"

前面我们讨论过，施动感让我们产生自己确有目标的想法，与之相似的是，自我的作用之一便是保持我们身心体验的持续性，让我们清晰地感受到——不管真实与否——自己作为一个独立的自我而存在。当我们相信自己是有着独特身份的自我时，这种信念就成为我们寻求目标的动力和基础，也引发我们在基本生存问题之外的关注。我们认为自己是一个独立的自我，被投放到这颗星球上来实现一个目标，这个信念如同一种心理上（若非生物上）的保险计划，它的存在并非偶然，而是在我们面临任何困难时都能给我们足以令人信服的理由，让我们选择继续生活下去而非走其他的路。与之相伴的是，作为人类也意味着有时我们不想再停留在原地。我知道这个星球上的每个人都曾在某一瞬间有过活着还不如死了的念头。如果我们能努力找到哪怕一个"为什么"来解释我们为何还在这里，哪怕只是一个很小的原因，比如我们每天早上享受的那杯加蜂蜜的格雷伯爵茶，或者每晚像裹头巾般趴在我们头上呼呼大睡的猫。这些都是让我们感到生活的魔力、表明我们存在的小信号，找到它们的那一刻，我们就处于信念的掌控之中。

有一种观点认为，自杀会在一个人的心理上产生相当强大的负面影响，以至于这个人在轮回中可能会倾向于一次又一次地结束自己的生命。如果不得不一次次重生还不算太糟心，那就试着在每次的人生中做自己，否则这种命运比不得不一遍遍地看《土拨鼠日》这部电影还要糟糕。但如果你相信自己会重生并且不确定会重生在什么样的环境中，那么当你辨认出将来重生的环境时可能会更无法忍受，这让自杀变得没那么吸引人了，因为你知道重生后的习惯倾向和前世一样，还要加上这一世的倾向。持有后一种世界观的人更有可能坚持到底，更有可能学会应对那些让他们不想留在世间的挫折。

最基本的一点是，如果我开始对自己的信念产生怀疑，我可能会成为自己生命中至少几次自杀的受害者。事实证明，我们的信念很重要！我们对自我的信念会产生相应后果。在佛教中，正是由于这种错误却又普遍存在于每个自我中的观念，以及这种感知态度累积的因果总和，推动着我们一次次地重生。谁能想到一个信念的参照点能带来如此大的影响呢？这在某种程度上是说得通的，毕竟任何东西的出现都离不开它所属的体系。只有当我们拆解了这个体系，它包含的成分及其源源不断的产物才会溃散。

既然谈到了这个话题，那么我要补充很重要的一点，就是自杀的想法和倾向在心理、生理上有着同样多的诱发基础，很多严重的身体或精神问题都会滋生这些念头和倾向，例如焦虑、抑郁或是慢性疼痛。因此，当务之急是要让每一种护理模式都符合护理对象最紧迫的需求。遭受一种或多种严重疾病的折磨，可能会让一个人失去继续活下去的意愿，这时候可不能即兴处理，向专业人士寻求帮助是极为重要的。当然，知道自己的信念和自我认同的核心是什么，能反映出你在放弃生命的想法出现时的表现。我相信在每个人人生历程中的某一刻，这类想法都曾出现过。

这一节我开始得突兀，也将仓促地结束。我虽然相信自我是我们困惑的根源，但也相信它为自己的存在准备了一套非常有效的持续性规划。不管我们每个人是否有削弱自我的欲望，或者完全乐于相信自我的存在，我们都身处同一困境的不同情景中。生活在这个星球上，我们也可以有另一个目标，它不会被错误的信念误导，不会引发彼此伤害的欲望。也就是说，我们可以用自我的信念来构建一个利己利他的目标。只要我们感知到自我、受动性的我（宾格的"我"）和关系性的我（所有格的"我"）的存在，除了在人生路上接受它，我们还有其他选择吗（虽然对有些人来说这条路最后得被毁掉）？虽说目标充分的自我感基本相当于给了我们两样东西：一张加强安全感的毯子和一个稳住存在感的奶嘴，但这两样东西我们都不准备舍弃，所以就维持现状吧。"自己有目标"这个信念，实际上也在为目标服务，不过可能并非我们所希望的那种目标。然而，由于我们大多数人仍然相信自我，并首先从这个角度体验自己的生活，我们不妨让作为自我存在的感知好好发挥作用。

总之，将在这个地球上留下什么样的足迹取决于你，取决于我，取决于其他任何人。我们每个人都能质疑自己存在的本质，这一事实说明了我们有一定程度的意识和施动性，它们既让人感到强大，有时也会让人恼火。虽然有目的和无目的其实是"概念"这枚硬币的两面，但知道自己掌握的概念或体验到的情感都只是暂时的，我们就可以正确对待自己的感受。如果我们能稍微改变一下自己的视角，把自己视为在生活中具有主观能动性的自我，我们就能利用自己的内在能力保持清醒和觉知，准备好随时观察自己心念之流中出现的任何活动，这样，我们就能掌控自己的思维习惯，引导自己从不同的角度去体验生活。

第 5 章
不必把自己的想法当成现实

注意力练习

你是天空，其他的一切都只是天气。

——佩玛·丘卓

  我们能够注意到自己的想法以及在自己觉知范围内出现过的事物。我们可以持续关注这些想法，也可以在察觉到它们的活动时任其发展。我们可以研究自己的想法，找寻初始源头或尝试跟随它们去发现它们消失的地方。我们可能会迷失在自己的想法里，卷入自身的心念之流中。对于自己的想法，我们可以反复琢磨，也可以不去多想，听之任之；可以质疑深究，也可以仅停留在表面；可以相信它们的真实，也可以心存好奇，探究其是否有价值；此外，对于最初感知到这些想法的自身觉知，我们也可以研究其本真的一面。以上是我们将自身觉知与自己的想法和心理活动联系起来的几种可能的方式。最重要的是，我们可以让自身觉知和出现在自己感知场域的任何事物建立一种新的关系，比如身体的感受、想法、感觉、情绪、概念、记忆和观念。

当首次学习冥想时，我们通常不会特意对各种不同的心理现象进行区分。我们没有必要去区分心理活动的不同类别，这些心理活动包括想法、感觉、情绪、记忆或出现在一个人心念之流中的任何事物。如果我们习惯于关注自己的心理，其目的不是对它们进行分类、界定、剖析或解释，那是我们的大脑通常会习惯性地承担的任务。自身心绪平静时如同一片静止的湖泊，这时我们就有机会去感受自身觉知及其自然特性，这与像纽约中心车站高峰期一样繁忙的心理感受是不同的。

我们练习冥想的目的，是让自己的心平静下来。为了做到这一点，我们需要创造以下条件：保持心理处于开放和觉知状态，缓缓地将注意力放在自然的呼吸节奏上。我们的觉知如同自己的呼吸，细微难察，没有实体。我们可以感受到空气流经我们的肺，随着胸部的起伏，感受空气在体内游走，也可以感觉到空气通过自己的鼻和嘴，这些痕迹证明我们在真实地呼吸着。在平时，由于习惯，我们的心理在运动时会很快同我们的心念或者吸引我们注意力的外界物体牵扯在一起。当觉知关注到它自身的出现或运行时，它的细微动作就足以使我们收回心神。我们不需要像训练狗跟主人走那样，过于严厉地或强行牵引自己的心理。对骑过马的人来说，你可能懂得，如果你用力拉缰绳或者粗暴对待马儿，那后果可能不会太好，会变成一场意志力之战。我们只需要动一动，前倾或后仰，或者用膝盖轻轻地夹马身，倾斜身体，就可以控制马的前行方向。控制心念与此同理。

当我们学习冥想时，通常被教导要关注和释放自己的思想，而注意力则要固定在自己的呼吸或外界物体上。每当走神或分心时，我们就训练自己的注意力回到呼吸或专注的对象上，这就是注意力训练。与凯格尔运动强化盆底肌的方式类似，我们训练自己的觉知自主活动、自我引导和自主定位的过程，就是在利用它自身的灵活性，以各种方式集中注意力。

我们通常会从冥想开始，因为在不太嘈杂的环境中，我们更容易做到体验自己的心理。虽然我们可以通过其他方式去关注自己的心理，但如果身处高峰时段的中央车站，显然会更困难。也就是说，当你准备开始熟悉自身觉知的自然属性时，你可以先端正地坐好，欢迎自己心理体验的到来，而不要软成一团，也不要过于紧张或僵硬。你可以像父母召唤在外玩的孩子回家吃饭那样，以几次深呼吸作为召唤自己心理回归的信号。此刻，你想象自己收回了所有的注意力，如同吵闹的孩童停下正玩着的游戏回家，这样还能让你探查到在体内游走的呼吸。将觉知缓缓地放置在自己自然呼吸的节奏上，仿佛一只蜂鸟啜饮花蜜却几乎没有触碰花朵。通过这种方式的冥想，我们得以与自身的觉知产生联结。当心沉静下来，我们就会开始注意到它的各种特性，除了觉知到自己的觉知能力本身，我们不会想到其他事情。我们有时把心理训练的这一面称为开放觉知。虽然我们可以借此体验到自身觉知的特性和表现方式，但我们一般并不习惯以这种方式观察或关注自己的觉知。我们可以尝试凭借自己心理中能让自己意识到事物出现的觉知的另一面，去注意自身觉知中表现出的那些特质。

无论你用何种练习去试用自己的觉知之翼，最终你都会发现其微妙的表现和特性。哪怕觉知表现出最微小的移动或变化，你都会注意到它——你能注意到它向外扩展、散开，或者固定在其关注对象上，并被这个对象完全吸收、耗散。你会察觉到自己的觉知何时清醒敞亮，何时又迟钝笨拙。你越惯于运用自身的觉知和感知能力，就越能掌握自己的心理施动性，也越能培养转移、调整心理本身和心理角度的能力。在熟悉了觉知产生的所有方式后，对心理能力可以根据内外环境转变自身及立场的觉知，会让我们注意到极微小的波动或变化。我们也许能感觉到一根头发落在膝盖上，或是察觉到自己的注意力有些微的转移，这揭示了心理表现和心理阐释更细微的层次。

当你习惯性地关注自己的心理，其价值在于：你开始体验心理现象的本质，它们只是暂时出现在你的心念之流中——是你的心理在持续运动，仅此而已。在这些时候，我们的想法、情感感觉和知觉感觉不像平常那么重要了，也不像平常那么确定了。我们练习释放，就是在练习不执着于心念的能力。当我们养成了只观察的思维习惯，就会尝到自由的滋味。我们开始意识到，虽然我们的想法看上去挺重要，但它们不过是和我们呼吸的空气一样没有形迹的东西，并不比感知它们的觉知更真实。如果顺其自然，我们的想法会像写在水面上的字，迅速出现又消散无形。我们并不需要想方设法捕获自己的想法后又将其释放，没有什么需要去捕获，也没有什么需要去释放，虽说无"物"需要我们去主动感知，但我们可以，也确实感知到了出现在自己感知场域内的所有事物。然而，如果我们试图明确定位某个想法或任何一种心理活动，却无法做到，因为它们躲开了我们的捕捉。如果直接观察自己的想法或心理活动产生的源头，去寻找那个观察者，我们通过心理活动感知到的任何事物都将如雪花入水般瞬间消散。

但是，如果你不努力创造条件让自己一次次地去体验——也就是创建一种冥想或心理训练的持续练习——你至此所读到的只能用于论文写作、概念建构或心理建构的层面，而无法成为你关注并熟悉自身觉知的直接经历。令人惊奇的是，在运用自己的心理与觉知的过程中，我们可以让这种训练更细致、更精确。有一点要清楚，那就是冥想不是要让心理变得冷淡或迟钝。如果是这样，那我们就把它叫作普通心理训练、缓慢心理训练或者睡眠训练好了。冥想并不是要把人弄得神思迷茫，相反，它的目的是让人清醒，学会与自己觉知的开放空间中的所有事物建立联系，并且在此过程中不会一次次地把自己的鼻绳交给自己的想法、情感或任何浮现在表面的经历。冥想也不会让人产生削足适履的强迫感，它需要的是心理上的觉知放松、自我适应。就像深呼吸能放松身体那样，觉知也能舒缓我们的行动。如果你在自己的心理问题上多花点儿时间，那么在心念奔腾如野马的时候，你就能有更多的选择。

我们创造的意义

虽然我们一开始对观察人、事的方式基本不做选择，但我们可以选择如何与感知到的内容建立联系，并引导自己根据联系方式去确定意义重叠的部分。举个例子，假如你半夜11点透过窗户，看到有人站在你家院门口，拿着个手电筒，你脑子里可能会迅速做出判断。我之前就有过这样的经历，当时我想搞清楚为什么有人会在大半夜气温逼近零摄氏度的时候，就那么"正大光明"地站在我家附近。我看向窗外，发现那是我的新邻居带着自家的狗，站在我们两家房子之间。一开始我相当恼火，当即的反应是："搞什么鬼？他为什么带着自家的狗——那狗最好别跟其他家的狗一样吵——跑到我家边上便便？"看得出来，我的第一想法可没那么友善。相反，各种想法充斥着我的脑海，我会恶意解读邻居的行为，而实际上可能根本就不是这样的。

很快，我就回想起养狗是什么样的了。狗啊——我想了想——它们是哪儿顺心就在哪儿解决，留下的"摊子"就靠它们的主人（或邻居）去收拾。我又想到了我深爱的自己的狗狗布朗尼，自从它随家人去了墨西哥后我真的很想它。我转念又想，这邻居肯定也挺烦自家狗狗这么晚还要便便，而且外面那么冷，出个门得全副武装，然后我觉得自己刚开始的想法有点儿不太好，同时我注意到邻居能看到我在窥视他们，于是我向他挥挥手，迅速关掉灯。这件事表明，通过重构意义和些许的同理心，我们能够主动对自己对某种情况的初步评判进行再评估。再说了，天晓得当时我的邻居或他的狗是怎么想的，这些我们都无从知晓，但可以说我邻居和他的狗完全不会像我一开始时那样，对他们的行动或感受做出恶意的揣测。

在这件事中，我对所发生的事的感知方式，以及之后选择如何理解这件事，在很大程度上决定了我如何回应。我能相对较快地恢复自己心理的觉知。根据人性的共同点，再加上我自己的一点倾向，我能够引导自己在理解邻居和他的狗的行为时更加友善。虽然我已经对当时的情况产生了初步的意向和感知，却仍能到达理解的心理空间。我也可以轻易地进入一种全然不同的思维方式，从而做出另一种解释，得到另一种结果。例如，我可以打开我家后门，对着邻居大喊："从我的地盘上滚开！"同时继续低声念叨或者直言相告："我可不管你是不是我的新邻居！让你的狗去你自家草坪上拉屎。你有毛病吗？"离开的时候，我可能会说："拜托，这千万别成了你俩每晚的例行公事。"我肯定还会紧接着补充："再说一下，我是米歇尔，你的新邻居。我刚写完了一本关于情绪智力的书。很高兴见到你。"

我们会发现，一年365天，我们几乎每天都处在这样的心理困境和状况中。我们重构对当下发生之事的阐释，基于这种体验，我们知晓自己确实可以选择如何理解和对待初步感知的内容。我们在一开始感知事物时赋予其意义，但这个意义不一定要认同到底。我们的感知属于大脑传递信息的一种功能，这和外卖一样，有时订单上的菜会搞砸或是忘了装酱汁和筷子。接下来就要靠我们的心理足够理智冷静，记住那些会给自己或他人引发混乱、忌说忌做的事情。我们可以养成一个习惯，即反思当下我们对所处境况的评估或解释，是否有利于自己的目标以及相关事务，或者我们对事件的解释是否会让自己陷入困境。从实践的角度来说，这就解释了训练心理之舵的意义，它属于觉知的部分，提醒和引导我们以自己希望的方式呈现自己。

保持记录的习惯

在我们创建的情绪智力指导认证（EICC）项目中，日志有着核心的地位，原因有很多，但首要原因是，日志为教练和客户提供了一个持续讨论的平台，在此他们能够借助心理模式和思维定式去观察正在发生的事情。通过日志，客户反思并整合对过往之事以及正在发生之事的理解方式。这些日志成为我们培训教练和客户发掘自身思维习惯的一种方式，并探查 12 个自我发现中哪些是自己做得好或不好的（如果能对应的话）。我们培训教练，教练培训客户，学习用新的眼光和不同的视角来看待他们自己及其生活。他们从 12 个自我发现的角度练习对自身体验的观察。在该过程中，他们尝试激活自己的内在教练，这也相当于培养对自己觉知的调动和引导能力。当缺乏觉知时，我们就成了无舵的船。没有引领方向的舵，我们就会受控于现有的心理模式和思维习惯，以及它们所带来的相应后果。

我们与自己的思想、信念和情绪建立联系的方式，为我们在下一刻的表现以及与自己和他人建立联系的方式定下了基调。严格说来，关键不在于我们的想法、信念或情绪，而在于我们与它们建立联系的方式。我们依据这种意义而行动，其结果导致了重大差异，也决定了我们的得失轨迹。的确，我们心理和身体的健康与自身思维习惯深深交织在一起，它们属于同一生态系统，在这个系统中，我们会受到他人生态系统和自身身体条件的影响，这些因素相互之间有着深远而真切的联系。

自身觉知是我们影响自己的催化剂。正是通过觉知，我们能够影响自己的习惯倾向和感知现实的方式。日志的正面作用不仅包括改善健康状况、促进我们自省——这是我们已经知道的，它还是我们帮助客户发现自身的"隐藏设定"、心理模式、偏见和信念的主要工具。我们教客户去觉知他们如何与自己的感知和经历建立联系，以及其中会存在什么陷阱。通过这些日志，教练和客户都能看到客户对用词的具体选择，如何描述自己、他人，以及认为自己处于何种境况。一旦他们学会去发现这些模式，就能选择对生活中正在发生的事重新赋予意义。他们开始看到，自己能引导自己的体验，而不是受之摆布。他们学会利用自身觉知的特性引领自己穿过广袤的体验之海。

培训过程一般为期 6 周或 12 周，在这个过程中，客户会依据 12 个自我发现中的各项提示进行日志记录。他们尝试通过特定练习来增加自己觉知的灵活性，扩展通过觉知与自身和环境变量建立联系的方式。通过实践，客户最终会发现自身信念所依赖的潜在心理模式，这种模式影响着他们的行事结果。他们学习使用信念的心理范式，即我们在无意识中用来对感知进行分类和阐释的范式。

效价、突显性、快速性和持续性

日志能帮助我们发现自己潜在的信念结构、效价（正负面）、突显性（力度和强度），作为风向标，日志可以体现出我们感情和情绪的路径，以及它们对我们的影响。我从自己为写这本书而进行的研究中惊讶地发现，"效价"是在神经科学和心理学中描述我们正负两极感情的术语（见图 5-1），"唤醒"也是，但我还是觉得继续用我惯用的术语"突显性"来描述情绪的强度和力量会更好。前两个术语我已经用了很

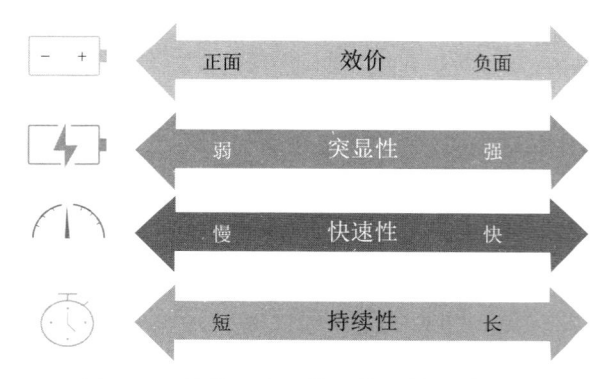

图 5-1　效价、突显性、快速性和持续性

来源: © Brain Capital LLC.

多年了，并不知道它们与科学方面有关联，也没有完全掌握或理解我们的情感在其中所起的作用。你也许能回想起，情感基本上是我们产生内感受器感觉和感官输入后的输出信息，在这之前，大脑开启对我们最有可能出现的感受的猜测，然后对我们的情感进行概念上的定义，并使情绪表现为暂时的个例。当然，不是所有的感觉或感官输入都会变成情感，也不是所有的情感都表现为情绪，我们的大脑只会根据那些具有独特性、效价和突显性水平高的情感采取行动，并赋予其意义。我们教会教练和客户在日常互动、自己的意识之流和身体感觉中，以及在日志记录中，去关注他们情感的效价和突显性。这样，他们就能看到自己体验自身情绪的模式，接着也能看到自己对这些情绪的理解倾向。

在图 5-1 中,"快速性"指的是我们的情感和情绪显露出来的速度,就像玩《单词接龙》(Words with Friends)游戏,你甚至还没打出第一个词,对面的玩家就发了个信息过来——该游戏在新冠疫情期间已经取代了酒吧,成为挑选未来伴侣的渠道。"持续性"则是指平息我们的情绪及其附属感觉和情感所用的时长,这通常与它们一开始的强度有关。无论我们在何种程度上预演或扰动自己的感觉,并对其添加一层层的含义,都会提升或降低我们感觉的效价、突显性和持续性。在理查德·戴维森的著作中,他将复原力定义为我们从挫折中恢复的速度。我在这里的术语使用方式基本和这个定义是同一个意思,在情绪智力的语境中,我们可以称之为情绪平衡。总而言之,效价和突显性描述了我们丰盈的内感受器感觉和情感出现的速度、能量和强度,以及它们的持续时间。

这四个方面表明我们的大脑已经开启并不断影响着我们的感受。通过这种方式,我们的内感受器感觉和情感成为大脑和身体之间双向沟通的渠道,为我们构建引导行动的意义提供了关键信息。由于我刚才描述的内容大多属于我们通常能有意识觉知到的范围,因此我们需要实践去察觉这些变量。

理查德·戴维森解释了我们如何通过调谐和关注自己身

体的感觉去增加自身的内感受性自我觉知。在与客户的合作中，我们教他们如何接收并感知自己身体传达的信号和线索，包括它们的效价、突显性、快速性和持续性，这和旧时矿工下井时利用金丝雀检测有毒气体泄漏没什么差异。我们的身体感受通常是首个提示我们 Circle K 便利店①那儿有怪事发生的线索。我们可以利用这些身体感受去关注那些引发感觉、情感和情绪的内在条件，这些条件与我们的感觉、情感和情绪密切相关。所有的身体感受都表明，我们可以让觉知行动起来，让它参与具体任务。某些词语和情绪概念[1]能描述我们当下的身体感受，我们要练习识别这些词语，这样就可以避免固执、主观地看待事物，给它们添加不存在或没必要的含义。这种练习还可以减弱我们当下感受的效价和突显性，为我们的感受扫清道路。引入以上一个或多个元素，我们就有机会在此时训练和调整自己的意识。对神经科学术语进行重新分类被认为是有效的方法，因为它让我们带着意识和思考去确定我们感受到的事物的含义，而不是凭借感知和初步的理解做出下意识反应。这种方法给我们输入的信息和产生的影响力，可能是绝无仅有的。

正如上一章中所讨论的，我们对自我的感知和信念使得

---

① 这个 Circle K 便利店不用在意，它是电影《阿比阿弟的冒险》里的一个小场景，只不过用在这里好像挺合适。

我们与任何非我的事物处在一种二元关系中。我们对某样事物要么喜欢，以不同方式被其吸引；要么不喜欢，甚至抱有不同程度的反感；如果我们不抱偏见，则体现出冷淡或漠不关心的态度。这基本上展现了效价和突显性在我们自身体验中的作用方式。所以，如果你察觉到自己被某事物吸引，为之迷恋，或是感到抗拒、排斥，想要拒绝，抑或是保持中立的态度，就表明你在那一刻的心理或情感状态中存在效价。无论是哪个方向的感觉，越是极端，其突显性就越强。最后，你的心理印象形成、持续和消散的速度则展现出它的快速性与持续性，就好像你成年的孩子或父母来看你然后又离开一样。

毫无疑问，人是具有效价与突显性的存在。我们几乎把所有清醒和睡着的时间都花在了体验对自己、对他人、对自身经历的喜欢、厌恶或漠不关心的感觉变动上。我觉得这没什么好奇怪的，因为我们在同自己以外的任何人或事打交道时，习惯于让自己根据感觉来感知并处理现实。所以，我们有时很难做到看待事物不掺杂个人情绪，如果感到自己与其他任何人或事是分离的、对立的，这种个人情绪就会不知不觉地产生。在我们感到自己被孤立、受了委屈或受到不公平对待时，情感的效价、突显性和快速性更有可能超出常规并维持在非常规状态，就像我女儿出生时我的宫缩一样明显。

被困扰的心理

当我们头脑不清醒或心理状态不健康时——不管哪种说法，都是指你在非最佳状态时的行为举止——我们确实有多种做法可选，当然也包括什么都不做。让我们回顾一下与我们可影响的事物相关的方法（见图5-2）。

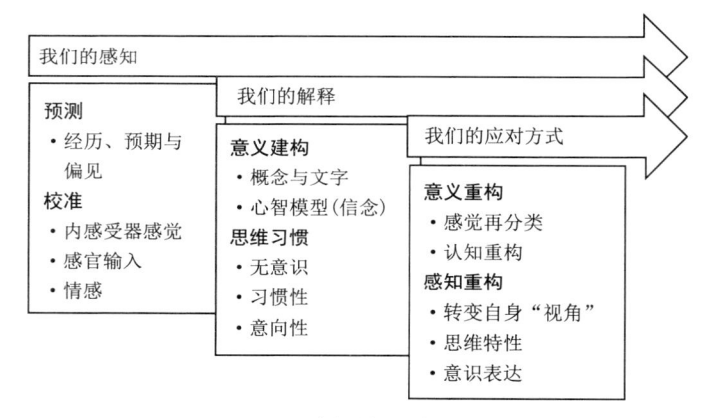

```
我们的感知
  预测
  ・经历、预期与偏见
  校准
  ・内感受器感觉
  ・感官输入
  ・情感
      我们的解释
        意义建构
        ・概念与文字
        ・心智模型(信念)
        思维习惯
        ・无意识
        ・习惯性
        ・意向性
            我们的应对方式
              意义重构
              ・感觉再分类
              ・认知重构
              感知重构
              ・转变自身"视角"
              ・思维特性
              ・意识表达
```

图 5-2 我们能影响的方面

来源：© Brain Capital LLC.

由于我们的想法和感觉往往是相互作用的，因此我们可以凭借认知重构和对自身感觉的重新分类，去改变我们对自己想法和感觉的理解。认知重构是指我们改变与自己初步想法和感知相关的思维方法，这种称谓比较新奇。类似地，对自身感觉的重新分类是说我们要改变对自己感觉的理解，这时要利用我们的内感受能力——对自己身体信号和情感的觉知——重新确定其含义。在认知重构中，我们使用认知能力让自己理性地脱离自设的概念框架，而在对感觉的重新分类中，我们通过对自己身体信号和情绪概念的觉知来重新给自己的感觉方式分类。12个自我发现为我们提供了意义重构的方法。它们督促、提醒我们在当下转变自己对事件的理解方式——不仅是改变自己的所思所感，还要改变我们对那些变量的初始理解方式。

如果无法使用认知重构或对感觉重新分类的办法来转变自己对已发生之事的想法和感觉，我们可以借助自己的觉知去重构立场，我在图5-2中称为"感知重构"。为此，我们可以进行不限次数的觉知练习，在接下来的章节中我们将会谈到这一点。我们将要探索的每一种方法都能让我们在任何情况下改变自己的感知角度或预设立场，包括与我们自己觉知相关的态度。通过改变自己观察和感知的方式，我们就有可能看到那些自己以前从未看见，因而也从未纳入反应范围的因素。

最后，我们确实可以简单地选择移开或分散自己的注意力，抑或改变当下发生之事与我们身体的联系。神经科学认为，给我们的大脑提供新参数是一种快速补救办法。因此，虽然这种方法可能无法完全消除状况，但从最直接的方面来讲，它能起作用。不过，任何结过婚、有过工作、有过孩子，或者为人儿女、为人朋友的人都知道，就算你从某种状况中暂时抽身了，最终还是得处理它。如果无法转移自己的觉知去达到同样的心理结果，另一种做法就是让自己的身体从当前状况中抽离。

12个自我发现中的每一个都可以归为以上三种策略中的一种或多种，用于引导自己的情绪智力并最终协同我们的思维习惯，提高个人效率。本章我们探究了12个自我发现的核心之一，即"不必把自己的想法当成现实"，据此我们能够决定在自己想法和情绪中投入多少注意力、力量和能量。我们的身体不断地向我们反馈，这些反馈数据一旦被忽视，就会对我们调节身体和心理健康的能力产生负面影响。是否纠结于自己的想法和感情是可选的，但体验它们是必然的。要学会摆脱固执心理，重新掌控自己的鼻绳，需要我们以新的方式去观察和练习。我们得转变觉知方式，并记着用我们的心理本源去处理任何状况。不必把自己的想法当成现实，也不需要让自己的情绪或心理评价占满自己的头脑。情绪是在我们体内游走的能量，我们要学着与之建立联系，这样就能利用情绪效价和突显性出现时的每一个机会，去训练自己对它们的觉知。

第 6 章
你关注的会成为你的现实

注意力与觉知

我们的注意力就像一面镜子，会反映它所关注的对象和觉知的质量。我们的直接经验难道不是由我们关注的事物决定的吗？和我们的情绪一样，我们关注的事物会影响我们的观点以及我们对现实的体验。如果你心烦意乱，即使有人给你准备了一顿美味佳肴，你也一口吃不下。同样，如果我们习惯于期待或寻找特定的人或事物，那么除了目标，我们还会注意其他事物吗？如果我们追求成为一个富有同情心、善良的人，就连我们的目光和表情都将变得柔和，与他人相处也会变得更加温和。正如谚语所说："注意你的祈求。"而与我们的话题相关的则是"注意你关注的事物"。好消息是，我们可以为自己关注的事物负责，但这需要练习。

我们如何训练自己的注意力？可以一次又一次地将觉知带回我们想要关注的对象上，比如我们的呼吸、眼前的工作、倾听的对象、正在行驶的道路等。这也包括当意识到自己紧盯着损害自己或他人的事物不放时，我们能够转移自己的注意力，否则我们的情绪就会成为脑海中最响亮的声音，或者像有毒废物一样渗漏，影响自己和周围的人。就像牧民的羊群走散，我们首先得意识到自己的思维涣散，然后才能像牧民把羊召回来一样，集中自己的注意力。

选择性地转移注意力的能力对我们所做的一切都至关重要，无论是做一个重要的决定，在高速公路上驾驶时听电子书，切西蓝花，观察蜘蛛织网，学习拉丁语，还是当某人被解雇后配偶也离他而去时给予他鼓励。指引并拨正自己注意力的能力就像驾驶员、方向盘和车辆之间的关系。如果没有驾驶员，就没有人驾驶车辆；如果没有方向盘，驾驶员就没有操纵的装置，也就不能控制车辆行驶的方向，由此造成的危险就更不用说了，最终，车辆将偏离正确的方向，遭遇灾难。同样，如果我们不能有意识地控制自己的注意力，别人也不会替我们做这件事。于是我们要么让现有的习惯发挥作用，要么靠我们可靠的自主神经系统。自主神经系统主要负责诸如确保心脏继续跳动这样的关键任务——考虑到我们的注意力很容易被分散或转移，这是一个谨慎的设计决策，正如你在这个句子谨慎的结构中所看到的那样。如果我们能花钱请别人替我们集中注意力，大多数人都会找到一份工作，这样我们就能负担得起让他人为我们做这件事的费用，而我们就不用费心管理自己的注意力了。但遗憾的是，所有人在这方面都有缺陷，而且技术还未能提供完全可行或可靠的替代方案。因此，我们现在必须得用老方法来做这件事——完全靠自己。

当我们陷入惯性心理时，一旦你的注意力过于关注某事，你的感知和体验就会变得扭曲，就像汽车侧视镜上的警示语："物体比它们看起来更近。"当因为他人的言行而失望，你可能会发现你所想的全是你告诉自己的故事。此时，你不再以一种有益的方式去联系这些事件，你确实失去了其他视角。当我们被自己的情绪冲昏头脑，我们就会过度关注感知到的威胁对象，从而使自己的感知变得固定。在这样的时刻，我们所能看到的只有自己已形成的、对那个人或情况的看法。

当下以外的现实

当我们试图选择性地转移注意力时，可能发生的另一种现象是：我们很容易沉浸在不同的现实中，无论是虚拟的还是别处的，总之是与我们实际所处的现实不同的。当我们玩电子游戏、看电影或电视剧、做白日梦或者读书时，我们会立即被新的风景和体验所吸引——在某种程度上，我们现如今仍然会这样。虽然我们似乎无法专注于需要我们专注的事情，但我们很容易专注于我们选择的干扰事物或其他现实，这是为了将我们的注意力从当下的生活中移开。我们太容易分心，以至我们真的不知道如何与自己或他人相处，并且当我们独自一人，没有直接的干扰来源——手边没有智能手机、计算机、平板电脑、电子阅读器或电视时，就好像在体验一种自己心理上的场所恐惧症。

即使试图认真集中自己的注意力（换言之，其他事物一开始并没有吸引我们的注意力），我们维持注意力的时间通常也很短，以至于我们很快分心，陷入更被动的觉知方式。这种状态更像是处于自动驾驶仪上。当我们要学习定位自己的觉知，在最大程度上发挥积极影响时，我们将更详细地探索每个与我们的经历有关的习惯性方式。我开发了一个"觉知矩阵"，这个模型试图总结我们拥有或缺失的各类有意识觉知，以及在每个意识层面发生的心理过程（至少是我们对这件事的理解）。这是我所做的实际尝试，用来帮助我们辨别自己能够有意识地（有意图地）、无意识地（前意识或潜意识地）、被动地（习惯性地）或自动地（非自愿地）觉知到什么。

觉知矩阵

如图 6-1 的四个象限所示，根据不同的环境，我们对任

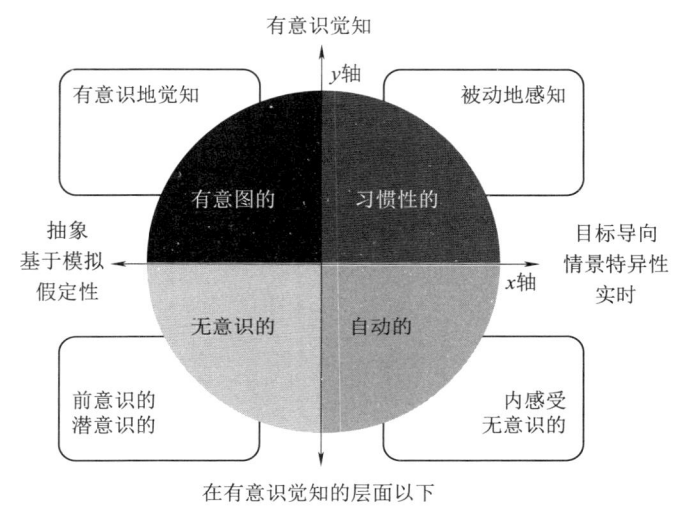

图 6-1 觉知矩阵

来源：© Brain Capital LLC.

何情况都有不同程度的有意识觉知。任何无意识中发生的事情，要么是我们根本没有觉知到，要么是即使我们想要意识到，也因为它不在我们的意识觉知范围内而无法觉知。觉知矩阵试图体现"无意识"这个词的两种含义。y轴描述了我们能够意识到的最低限度到最高限度的东西，位于x轴下方的两个象限则代表我们通常意识不到的东西。换句话说，这两个区域都表达了认知和感觉功能，它们涵盖的范围是：从无意识但我们仍然可以接近，到完全不能被我们有意识的觉知。

例如，如果某件事是前意识的，它会先于我们的有意识觉知，类似我们在主动回忆之前的记忆。虽然我们目前没有主动意识到它，但它属于我们的意识范围，我们可以在不同程度上意识到它。而潜意识与属于我们意识范围内的前意识功能不同，它涵盖了从不易获得到无法获得的有意识回忆或觉知。在大多数科学咖啡沙龙中，"无意识"仍然是比"潜意识"更常用的术语。然而，我选择在这里区分这些术语是为了能够在属于无意识加工的总体范畴中体现从可意识到不可意识的功能。

在约翰·巴奇（John A. Bargh）和伊齐基尔·莫尔塞拉（Ezequiel Morsella）的论文《无意识》（The Unconscious Mind）中，他们指出，引发我们无意识行为过程的组织要素有：我们的动机、行为偏好、社会影响、过往经历，以及我们周围的其他人，他们的行为最终为我们自己的无意识反应提供了蓝图，特别是触及我们的经验盲区或没有可供借鉴的经验模板时。虽然我们不知道无意识中发生了什么，但许多人假定，无意识中既有目标导向的、取决于特定情境的活动，也有更抽象和基于模拟的活动，比如我们大脑的统计学习能力。不管什么情况，这都不意味着在我们有意识觉知的范围内感受不到的功能不如有意识觉知中的功能重要、巧妙或复杂。事实上，情况可能正好相反：我们意识范围外的功能可能不仅比我们能够觉察到的认知功能更精密复杂，甚至可能是我们大部分有意识行动的来源。

如果我是一名神经科学家，这会是我想要研究的领域。我想了解发生在我们意识范围内外的不同功能之间的相互关系。列纳德·蒙洛迪诺所著的《潜意识：控制你行为的秘密》（*Subliminal: How Your Unconscious Mind Rules Your Behavior*）是我最喜欢的书之一，它恰好是关于这个话题的。正是在阅读他的著作时，我变得更加好奇：我们究竟能不能有意识地影响我们自己的生活、行为及其结果？毕竟有那么多不在我们意识范围内、更不在我们控制范围内的事物。这本书讲了我最关心的事情，同时也是我们确实有能力影响的事情，因为它让我们知道什么是我们可以掌控的。这是长久以来在很多方面推动我工作的潜在问题，它最终促使我写了这本书。事实证明，我并不是唯一一个认为我们可能会在意识加工和意义建构层面发挥影响的人，这种影响发生在大脑组织我们最初的感知并接收到我们潜意识中被唤起的东西之后。之前提到的论文作者们总结了其他几位研究者的观点，他们认为"意识的作用是在事件发生后充当看门人和意义建构者"。虽然在写这本书之前我并不熟悉这项研究，但我很高兴知道科学界有一些人可能会认同，在意识和意志的基础上，我们有很多有价值、有意义的工作要做。

觉知矩阵不仅突出强调了在前意识、潜意识和无意识层面发生了什么，而且还强调了在自动的和非自愿的基础上发生了什么，这些都不同程度地超出了我们通常有意识的觉知范围。它们主要包括目标导向的和实时性的功能，这些功能与特定情境的输入相一致，且取决于这些以我们的生理健康为主要关注点的输入。就像发生在前意识层面上的其他功能一样，我们可以通过训练来提高对自己身体感觉和其他感觉功能的内感受性觉知，不然这些功能可能会落在我们的有意识觉知之外。

觉知矩阵的上象限

在属于我们有意识觉知范围的觉知矩阵的上象限中，描述我们习惯性功能的区域说明了我们在被动地、下意识地觉知，"下意识"在此处指的是超出我们有意识觉知范围的功能，但我们默认它可以接近我们的有意识觉知。因为下意识过程虽然已经从我们当下的觉知中逐渐消失，但在理论上属于我们有意识觉知的范围，而我们的潜意识或无意识功能在很大程度上是不属于我们有意识觉知的范围的，所以我选择将这两者区分开来。我们处于被动感知中的另一个例子是，当我们的感官接收到与当前环境或内感受器感觉输入相关的信息时，我们不一定能有意识地觉知，或在不同程度上只是被动地意识到这些信息。只有当它们的效价或突显性达到我们能主动、有意识地感知到的水平，我们才会赋予这些输入以名称，即"情绪"。

可能是由于自我平衡的优势以及为了简化自身所处的困境，我们清醒时的大部分时间都在习惯性象限中度过。你们可能已经注意到，我并没有在上文中强调我们对习惯性功能有意识觉知的程度，因为，从定义上讲，习惯就是我们在做的时候完全没有意识到的事情。但正如我们在整本书中了解到的，以及我们在感知价值流程图中关于我们影响力的部分所提到的，当我们可以有意识地对自身习惯进行干预时，会出现一些转折点，这在很大程度上是本书的重点。我们的觉知越陷入被动感知或无意识的模式，我们就越不可能改变自身现状。我们唤起有意识觉知的能力会提高我们对感知和意义建构等变量产生更大影响的可能性。正是在这些时刻，我们的反应被上述变量设定在特定轨道上。然而，我们的意识只有在有需求时才会被唤起，鉴于这一特点，为了获得有意识觉知，我们需要练习运用自身心理的媒介和灵巧性。在没有明确意向的情况下，我们依赖于引导性因素——也就是习惯——来执行我们几乎注意不到的动作序列。当我们完全没有觉知到在自己有意识觉知范围之外发生的事情时，习惯不仅证明了我们有可能将什么带入我们的有意识觉知，还证明了我们有机会训练自己去觉知什么，这也是本书的主要（如果不是全部）目的——能够主动识别，并通过正确的机制和方法发挥自己的影响力。

在有意图、有意识地觉知事物的象限内，我们不仅有能力觉知，而且当这个象限起主导作用时，施动性和效率会达到最高，我们由此可以驾驭自己的生活。我们在有意识觉知中的时间越多，就有越多的机会去改变自己的思维习惯，去处理我们在当下觉知到的任何事物。在有意识觉知的指导下行事，我们就拥有了最佳的内部条件来展现自身觉知的品质和表达方式，以此让我们自己和他人受益。最终，正是在这个象限内，我们能够获得当下时刻的潜在能力和应急能力。当花更多的时间用各种方式锻炼自己的有意识觉知，我们甚至可以触及平时接触不到的现象和功能，如做梦和浅睡眠的各个阶段，以及先于我们情绪反应的内感受器感觉、我们的情感及其效价和突显性。

x轴和y轴

在觉知矩阵中，x轴和y轴以及它们所代表的内容都具有多种功能。它们作为连续统一体发挥作用：一方面，y轴用来衡量我们从最低限度到最高限度的有意识觉知，以及我们在同一尺度上所执行的从无意识、不经意到自动的功能；另一方面，x轴描述了从目标导向、实时的和取决于情境的功能到抽象、基于模拟和假设的功能。我强烈怀疑（尽管这只是我的猜想），当我们更倾向于抽象功能时，我们的主客二元论倾向也会减弱，这意味着我们摆脱了"观察者效应"——由观察者和被观察的对象组成。在抽象系列的端点，我还假定我们可能是在一个封闭系统的基础上进行操作，因为我们是基于已在系统中的信息展开模拟运行。可以说，与在更依赖环境、更开放的系统模式下需要调整和适应实时变量不同，我们不一定要接收或考虑实时输入，来适应更具变化的环境。同样，当我们的觉知和潜意识处理过程变得更具抽象性和假定性时，比如当我们做梦时，我们通常拥有的关于处于时空中"自我"的概念也会被淘汰。

与之相反，我们越向觉知矩阵的右侧移动，我们的过程和行动就越具有受时间限制的、目标导向的、环境依附的特性，这些情况都要求我们进行实时调整和修正，以应对不断变化的环境。不管哪一系列的端点控制了哪些功能类型，这两个系列都会根据环境，在不同程度上同时发挥作用，比如我们睡觉时或醒着时，休息时或运动时，等等。此外，每一种功能都会在不同程度上体现或缺乏有意识、有意图觉知的影响，这种影响的基础从自发、不经意的部分延伸到无意识。

觉知矩阵并不完美。我很肯定它有缺陷，因为它源于我将自己的"用户界面"与觉知相结合的尝试，而我从科学的角度对每个独立主题所做的研究相对较少。和感知价值流程图一样，觉知矩阵代表了一个工作模型，正如其名称所示，它反映了这些不同的功能如何协作，以及这些功能与我们的有意识觉知能力有什么关系。我尽了最大的努力来理解和整合每个主题中大量的科学见解，从每个主题最浅显的层面开始，以功能与实用相结合的方式，将它们概念化地呈现出来。我试图在模型中以更广泛、更普遍的方式描述变量，因此，我不想让人觉得可以或者应该在大量的变量之间划出严格的界限。相反，我们应该牢记，觉知矩阵模型是一个具有可行性的假设，其功能和过程在不同程度上同时发生，相互依存，其完整的细节和复杂性仍深锁于我们的大脑中，而大脑的工作就是优化它认为合适的任何方式。

觉知能力的认识与应用

你能产生什么样的影响的部分决定性要素是，你要明白，在何处训练自己的觉知可以帮助你驾驭你当前的体验。在你思考自己的大部分时间处于觉知矩阵中的何种状态时，请你反思一下你对自己一直拥有的一样东西——你的觉知——的熟悉程度。你真正研究了多少，了解了多少自己的有意识觉知，以及它带给你的一切？当你将有意识觉知带到各种生活环境中，无论是与爱人、同龄人、朋友、熟人，还是与你从未见过的人交流，会产生什么结果？它会让这些交流进行得更顺利吗？与你只是自动地或缺乏意向性和有意识觉知的交流相比，二者有实质性的不同吗？当有一项需要完成的任务或负责一个重要项目时，你在每个步骤中都带着意图性，和你缺乏觉知相比，是否有真正意义上的差别？你确定区别是什么吗？这些都是很重要的问题，你可以用它们来衡量你的人际关系、你对自己觉知能力的熟悉程度，以及你在生活中不同情况下运用觉知能力的熟练程度。熟悉自己的内心和自己的觉知能力，是我们接下来要探讨的主题（见图6-2）。

不幸的是，我们没有太多机会去了解我们的心理如何自我定位：这种定位基于不同的环境、内心世界、本性和表达方式，尤其是当它不处于世俗或主流的背景中时。与其说这是一种批评，不如说是一种观察，它与西方"正念"概念的萌芽相对一致。在西方，正念训练通常是脱离哲学研究和冥

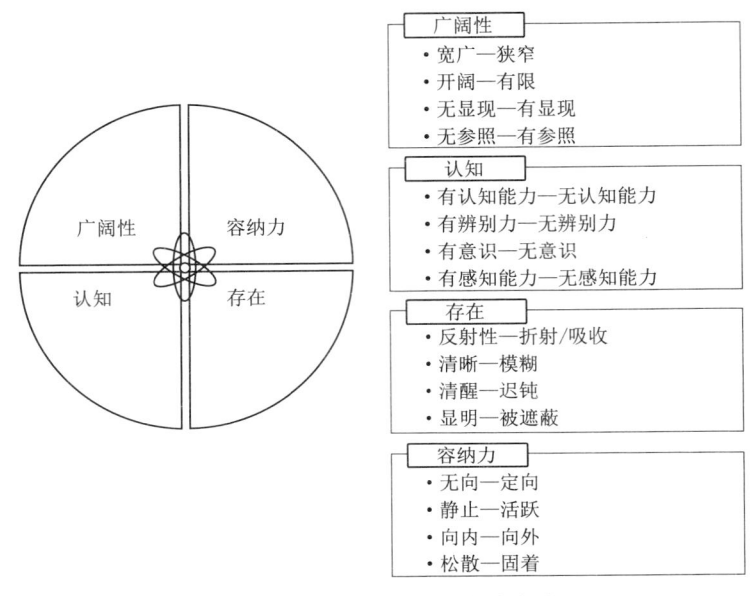

广阔性
- 宽广—狭窄
- 开阔—有限
- 无显现—有显现
- 无参照—有参照

认知
- 有认知能力—无认知能力
- 有辨别力—无辨别力
- 有意识—无意识
- 有感知能力—无感知能力

存在
- 反射性—折射/吸收
- 清晰—模糊
- 清醒—迟钝
- 显明—被遮蔽

容纳力
- 无向—定向
- 静止—活跃
- 向内—向外
- 松散—固着

图 6-2　觉知的特性和表达方式

来源：© Brain Capital LLC.

想背景被引入并开展实践的，这得益于几千年的既定实践谱系和道德思想结构体系的深入浸染和传承。当我想到如果舍去这些重要因素来探究觉知这个话题是否会让事情变得更好时，我意识到，正念的发展势头正在壮大，不可阻挡，不管有没有我在其中发声。在我看来，重要的是要有非宗教性质的训练，其设计意图是凭借更具体和准确的方法，最大限度地提高我们的能力，造福众生。我一直尝试将我从老师那里得到的指导付诸实践，因此，我就是从这个意图和观点出发，分享了我自己对这些主题的理解，以及我是如何来思考这些问题的。就像任何有潜在益处的东西一样，这也有潜在的危害，要么是由于滥用，要么是由于误解。如果没有坚实的道德基础，或者缺乏造福的意图和不伤害他人的信念，我们所做的任何事情都会很快被误导。因此，我觉得申明自己的意图很重要，即我所分享的任何可能有益的东西及创造幸福的因子，都源于我对老师所传授内容的正确理解和应用。相比之下，我所传达的任何与之相反的东西——尽管不是我的意图——都源于我自己缺乏足够的洞察力和理解力。

觉知区域：A区

觉知矩阵的左上象限描述了我们能够觉知到的东西，在这里我将其称为"A区"。我们的有意识觉知，我认为与"心理"一词同义，它的特性体现在我们如何对它的众多表达方式进行体验上，这些表达方式兼具描述性和指示性地指出了有意识觉知的本质和能力。[1]无论是否意识到这一点，我们都可以将自己的觉知，以及基于此的视角，聚焦在我们需要关注的地方，这使得我们能够在当下体验其不同的表达方式。虽然我会分别描述有意识觉知的每一种特性和表达方式，但它们并不是单独存在的，就像一颗钻石的各个切面都属于同一颗钻石。同理，我们可以熟悉自己心理的各个方面，学会将我们的觉知本身作为一种方法、途径和钥匙，来发掘我们的内在品质、能力或心理施动性。

与任何我们希望熟练掌握的东西一样，且不说稳定掌握，我们首先都需要明确自我训练的内容。许多人在世俗和宗教背景中练习和传授正念，他们带来的观点、专业知识和训练方法与他们的背景一样千差万别。我对这个话题的定位是双重的。在过去的 29 年里，我一直在进行冥想练习，尽管我认为自己是一个初学者。虽然我对概念很熟悉，但我不是专家，也没有资格训练他人进行正规的冥想。当提及非宗教性质的冥想练习时（也就是我常说的大脑训练），我依赖于理查德·戴维森和他在健康心理及健康心理创新中心（Center for Healthy Minds and Healthy Minds Innovations）团队中的研究。我的工作必然受到我自己的冥想训练以及理论研究的影响，因为它们的实际应用有助于理解我工作中的细微之处和关于冥想的内容。

当冥想的方法中没有精神或哲学基础时，我们应该这样描述冥想：尝试用我们当前可自主支配的觉知和观察力来熟悉自己的感知习惯。通过练习，我们能看到通常注意不到的东西，这样我们就有机会以新的方式、新的角度来看待事物。就像你在体育锻炼之前所做的拉伸和热身运动一样，这些实际示例、隐喻和反思练习能让你熟悉自己的觉知及其代表的不同立场，以此来调整自己的思维习惯，并与之协作，也让你有可能影响到内心自我。我自创了一种实用框架，让你初步了解自己觉知界面的运行方式，通过正式实践和训练，结合你的环境偏好（你希望在哪种环境中得到进一步指导），这个觉知界面能够得到进一步开发。

如果你想接受正式的冥想练习和训练，你应该向合格的冥想大师或教练寻求指导，他们不仅要受教导他人的培训，而且自己也得进行训练。我不知道你的想法，但我不会向一个从未跳过伞或只有几次跳伞经验的人寻求跳伞的指导。换句话说，这个门槛相当高。当标准太低时要小心，你可能会被它绊倒。也就是说，训练之后你可以审视自己的心理并熟悉自己的觉知。如果我们没有足够的兴趣或动力去了解内心的品质和能力，那么拥有思想或者观察和认识事物的觉知能力，又有何用？

当在有意识觉知的协助下生活时，我们做事的结果会产生根本意义上的转变。相反，如果我们的生活缺少觉知，就会让我们处于一种混沌状态——我称之为觉知矩阵的习惯区或"B区"——即在觉知的最低阈值下生活。当你从被动感知状态转变到有意识、有意向觉知的状态时，你与自己、他人和外部世界的关系就会发生转变。觉知不仅能让我们改变自己当前的视角，还能改变自己对感知内容的理解。当我们接受了相关训练，就能接触到新的观点或立场，我们的感知也会有所不同。同样重要的是，心理施动性达到一定程度后，我们可以更深刻地理解"成为自身体验的公分母"的意义。因此，在熟悉觉知的每个表达方式的过程中，我们也深入了解到这些连续统一体是如何增加我们自己觉知的灵敏性的。

心理空间

我们的心理具备开放性和广阔性（见图 6-3），就像天空

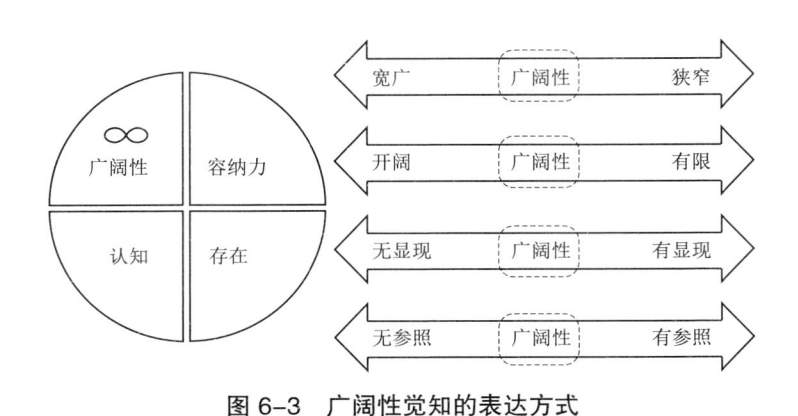

图 6-3 广阔性觉知的表达方式

来源：© Brain Capital LLC.

一样。我们可以体验到，自己的觉知没有界限或限制，它是广阔的、开放的，没有中心或边缘。正如我们周围的空间和空气，心理的本质是包容的，它可以容纳万物。无论是想象或思想形态，还是可见形式或物质形态，任何事物都可以出现在觉知的范围中。我们自身觉知的广阔性表现为既可以没有想象或物理现象，也可以将其统统包含在内。你以前有没有这样想过空间的问题，乃至把广阔性作为自己心理所拥有的一种品质？

当我们身处的空间被限制时会发生什么？空间会变得非常狭窄。容纳现存物品的空间会变小，甚至我们的活动范围也会变得更加有限。想象一下你从一所大房子搬到一所小房子，你需要扔掉至少一半的东西才能将所有物品装下，要么你就得把东西塞进仓库。这就是当我们的注意力变得极端狭隘时——换句话说，当我们表现执拗，执着于或将注意力集中于所关注的对象，而对我们觉知范围内的其他一切事物都视而不见时——我们自己的心理空间发生的事。这里面可以是一段经历、一个人、一个想法、一种情感、一个物体或其他任何东西。不以实际情况，而以我们在那一刻的体验而言，原本可以容纳其他东西的空间减少了。当我们的觉知过度专注于所关注的对象，其广阔性就会由宽敞转变为有限的空间。

这样有好处也有坏处，对我们的目标有利也有不利。例如，当我们集中注意力，真正专注于别人对我们说的话时，我们虽然在倾听过程中也会分散注意力，但参考框架会聚焦在这个人所说的内容上，似乎我们的觉知在我们没有意识到的情况下会弱化，会融入背景，而觉知本身具有的显明性本可以让任何正在发生的或在我们感知范围中选择关注的内容成形，即使我们感知到的东西是虚幻的、没有物理形态的。换句话说，我们失去了自己的觉知——这个让我们能够体验万物的媒介，并且在那些时刻体验了呈现出的一切。我们的注意力不断从一个转折点（或焦点）转移到另一个，以至我们根本察觉不到自己的感知和觉知能力。我们具有觉知能力，我们的觉知让一切体验成为可能这个事实对我们来说成了新鲜事儿，这本该是显而易见的，而事实上却完全不是这样。

正如我们之前所说，我们的情感就像一块磁铁，吸引我们自己的注意力。这就是为什么当我们的情感达到一个阈值，一个能吸引我们注意力的效价或突显性水平时，我们很难忽视它的吸引力。用情绪经典观来看，我们可能会说这个人或那件事触发了自己；用情绪建构观来看，我们可能会说我们的注意力容易受到大脑的影响，大脑会对接下来将发生什么以及怎样发生做出最合适的预测。最重要的是，我们的觉知在那些时刻可以迅速地专注于其自身的效价或突显性，以及活动的体验。这就是情绪似乎具有倾向和动力的原因。就像一个 2 岁的孩子或者你的老板向你尖叫，以吸引你的注意。假设你正在和一个朋友聊天，他非常激动地告诉你他和他 2 岁的孩子或老板之间发生的故事，嘴里的唾沫不经意间溅到了你身上，我们大多数人都会分心，即使只是片刻。如果你有洁癖，你可能会完全停止倾听，不是因为你对他们的故事不感兴趣（虽然也可能是这种情况），而是因为你的注意力已经从倾听故事转移到了思考你朋友的唾沫溅到你身上的后果。

我们体验到的事物积极或消极的程度，是通过情感实例的强度和与之伴随的感官体验映射给我们的。只要我们的觉知仍然沉浸于其感知的效价和突显性，这个情绪事件就会持续下去。更重要的是，基于我们赋予它的意义，事后我们对这个事件的理解要么继续强化我们已有的感觉，要么会减弱这种感觉。你朋友不小心把口水溅到你身上是一回事，但如果他们故意朝你吐口水，那么你就会按另一种游戏规则做出反应了。我们对某种体验的感知越强烈，我们就越是反对、讨厌或拒绝正在发生的事，我们的心态取决于我们对感知的看法。在这些时刻，我们的觉知就像一面镜子，反映我们自己的效价和突显性。我们的觉知越局限于或完全陷入其关注的对象——在这种情况下，关注对象就是我们自己的情绪实例——就越会缩小觉知通常给我们带来的开阔视野。但如果我们视自己觉知的关注对象为觉知本身，在本质上就抹去了参照点，我们在那一刻所感知到的就会变成觉知本身。在那一刻，没有观察者，也没有被观察的对象，只有对觉知的觉知。这就是"无参照"相对于觉知这种特定表达方式或观点的含义。就像衔尾蛇吞下自己的尾巴一样，这一瞬间就相当于我们找到了自己的尾巴。也就是说，因为我们习惯于有观察者和被观察对象的感知方式，所以这种观点或观察方式很快就会再次显现。

为了清晰易懂，我们的觉知的各种表达方式都被描述为连续统一体，事实上其各种特性都是同时发生的。虽然不能割裂这些表达方式，但我们可以有意图地关注其不同方面，并注意到在我们观察各个方面的任何特定时刻，我们的立场可能是什么。你可以从下面的问题开始，通过以下觉知的连续统一体来观察你自己心理空间的特性和表达方式：

- 宽广—狭窄
你拥有你能看到所有可能性的人生观吗？或者，你的视野是狭窄的吗？在这种情况下，哪种观点对你最有帮助？
- 开阔—有限
目前形势下，你应该扩展自己的觉知还是限制自己的觉知？

- 无显现—有显现

你的注意力是否集中在通过心理活动或周围环境出现的东西上？如果没有想法或关注点，会是什么样子？将当前的事物视为一种观点或可能性对你能有多大帮助？

- 无参照—有参照

你是否注意到你的心理以一个自我-他人的视角运行着，当中有一个观察者和被观察对象？当你的觉知没有参照点，观察者把觉知转向自己时，会发生什么？

心理直观

如同我们的觉知具有广阔性和开放性，它也具有一种认知特性，赋予我们认知和感知的能力（见图6-4）。就像一盏灯照亮周围的环境，我们的大脑能够觉知并认识到进入我们觉知领域的任何事物。

我们可以觉察身体感觉、情感和情绪，或感官传入的数据，我们也能够觉察到内心或想象的现象，比如想法、梦境、记忆、想象或观点。我们觉知的认知层面能让我们感知物理形态和心理现象或印象。让我们研究一下大脑的认知能力。你现在注意到了自己心理的哪些部分？花点儿时间看

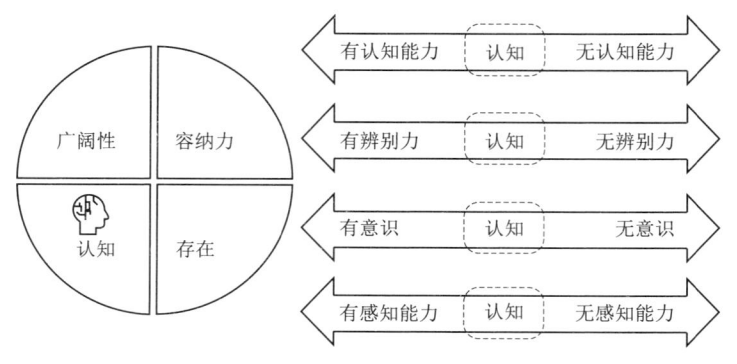

图 6-4 认知觉知的表达方式

来源：© Brain Capital LLC.

看。你要做的不是专注于任何外在的物体、思想形式或心理活动，相反，你要像一个接受过培训的侦探，注意自己大脑的辨别能力。从注意自己的觉知开始。注意，你要准备汇报自己观察到的内容：吸口气，在此过程中，注意自己大脑有觉知的层面，准备好去感知，去认识，去理解；呼气时，让你的觉知无限扩展，在那种广阔感中，注意大脑的认知层面。无论哪一种想法、心理活动或感官觉知出现在你的意识之流中，你都只需注意自己大脑觉知事物的能力。你注意到自己的大脑准备好去感知和熟悉任何进入其参照领域的事物了吗？过一会儿，我会让你闭上眼睛，当你闭眼时，注意自己的大脑是否仍会感知。现在尝试做一两分钟。当你闭眼时，你的大脑是如何感知的？与你睁眼时有何不同？

你会如何描述自己的经历？你有没有注意到大脑的认知能力有什么新变化？如果你必须描述这种认知的性质，你会用什么词来描述它？大脑趋向于去辨别、研究和认知，就像一只猫忍不住追逐激光笔发出的红点一样。有猫的话，去试试吧，没有猫就在视频网站上查一下。当你四处移动红点时，猫会本能地追逐它，试图抓住它。猫认为激光笔发出的红点是可以捕捉的，因此会试图抓住红点。我们不能说红点不存在，显而易见，因为看得到红点，猫才会追逐它，但我们也不能说红点是实实在在存在的，否则，猫就能抓住它了。我们可以说，红点既可见又无法捕捉。猫可以看见，但它不能像抓玩具老鼠那样抓住红点。我们自己的心理或多或少就是这样表现的，它像猫一样，倾向于追逐任何出现的事物；我们的觉知就像红点一样，虽然我们可以察觉，却无法捕捉。如果红点可以追逐自己，那就像我们的觉知试图捕获自己一样。当在以下连续统一体中练习关注自己的觉知立场时，你可以问一些在日常生活中与自己的大脑认知相关的问题：

- 有认知能力—无认知能力
  当你开始新的一天，你能觉察到自己在感知什么吗？当这种心理的觉知特性不再突出，你不再有主动觉知能力，又会发生什么？

- 有辨别力—无辨别力

你是否注意到你的觉知从辨别内在和外在环境，转变到辨别你不能察觉的事物？

- 有意识—无意识

在一天中，你有多长时间意识到正在发生的事情和自己正在做的事情，又有多长时间对自己、他人、周围环境或同时对这些对象处于被动感知或无意识状态？

- 有感知能力—无感知能力

你会在什么情况下意识到自己正在进行主动感知？什么时候你觉察到的事物会从你的直接觉知或视野中消失？

心理光芒

心理就像用来照明的火炬。点燃觉知的火把，就能轻而易举地揭示在场的事物（见图6-5）。

有时我们脑中出现的是一种想法、感觉、声音或一个物体，当我们心如止水时，它们就会像没有任何波动的湖面一样拥有反射特性。我们心理的反射能力就像水的反射能力，只要我们往湖里扔一颗小小的鹅卵石，就会打破湖水平静的表面，搅动水下的沉积物，湖水的镜面反射就会被扭曲，湖面

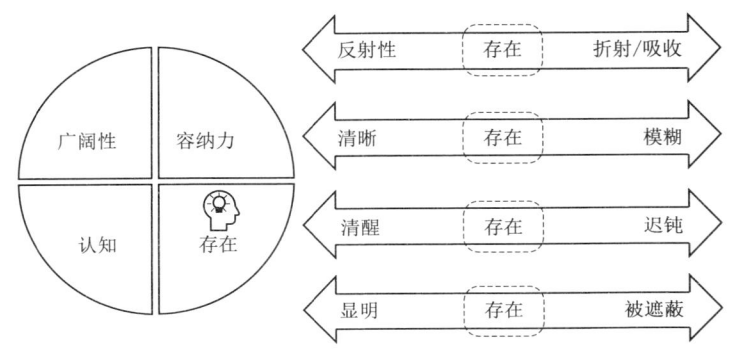

图 6-5 存在觉知的表达方式

来源：© Brain Capital LLC.

会视干扰程度呈现出不同的外观。我们的心理具有像镜子一样的反射性，当受到外界干扰时——无论是运动、表面现象还是干扰物——就会像静止的湖面泛起涟漪一样，与自身分离、被吸收或重新调整其立场。当然，湖面上的涟漪仍然是湖水，尽管它们可能暂时呈现出一种与平静的湖面截然不同的样子。同样，心理的反射性也可以改变。

虽然我们有时会变得迟钝、困倦或走神，但我们的觉知始终是我们感知外部和内部现象，以及唯一能够感知自身的机制，这不是很美妙吗？与其他许多来来去去的事情不同，我们的觉知是我们天生固有的，这简直不可思议。如果我们能利用它来变得更温和、更友善、更懂得与自己和他人相处，这很可能是我们的内在光芒。我们需要做的只是回忆觉知,并学会控制其立场。当我们记住或回忆我们的觉知时,它就会立即出现。

训练觉知有点像训练一只小狗。小狗可能会在玩耍时咬你,因为它不知道自己的力量。松开狗绳时,它可能会在公园或附近乱跑。而在它学会不在你最喜欢的地毯上撒尿或咬碎你最喜欢的枕头或鞋子之前,它可能会带来很多糟心事儿。好消息是,就像小狗一样,我们的心智是可以训练的,并且像小狗一样非常忠诚。如果我们不能训练自己的心智,或在我们召唤它时它不一定出现,那将是另一个非常简短但截然不同的话题。关于你自己的心理及其属性,以下这些问题可供你思考:

· 反射性——折射/吸收

你的体验在多大程度上反映了你想要的生活?你是否需要将自己的反射能力面向内心,变得更能内省?当你分心时,你心理的反射能力会发生什么变化?当你全神贯注时又会怎样?

· 清晰——模糊

你是如何看待事物受到遮蔽或变得模糊不清的?让一切变得清晰透明有什么好处?

· 清醒——迟钝

你的心理是清醒镇定的还是迟钝困倦的?

- 显明—被遮蔽

如果你的觉知照亮了你看不见的、有关自己体验的洞穴，你会看到哪些你以前没有看到的东西？

心理关注

我们心理的第四个主要特性是它的容纳力。心理可以自我变化、自我引导，如果我们的心态沉着，认知层面会产生觉知。我们觉知的广阔性可以容纳一切，而容纳力就像一位指挥者，引导着觉知的运动或注意力（见图6-6）。

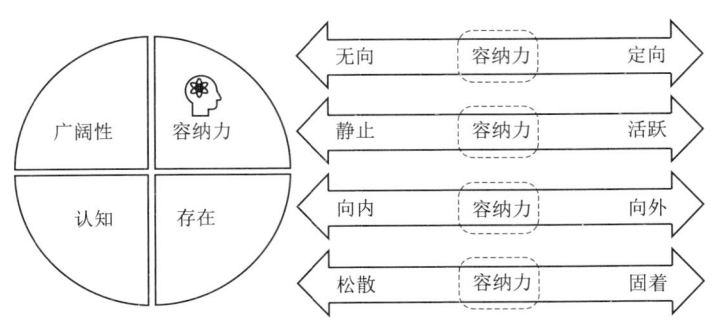

图6-6 容纳力觉知的表达方式

来源：© Brain Capital LLC.

那么，我们的觉知能做什么呢？我们的觉知既可以针对物理对象，也可以针对想象的对象，此外，也可以不需要指向任何事物。觉知可以静止不动，也可以在不同干扰物或关注对象之间迅速切换。当要集中注意力时，我们的觉知可以（有时也会刻意）变得专注，而在其他时候，觉知会专注于我们感觉、情感、情绪或想法的效价或突显性。相比之下，有时我们的心理没有固定目标，也没有全心投入或特别执着于某事。当我们让大脑停止工作、回归本然时，它无须控制、管理事物，或者说处于空闲和静止状态，这时心理的各种特性对我们来说会变得更加清晰可见。

当你尝试关注自己的心理时，请练习如何在自己觉知范围内调整自己的感知立场、视角和观点：

· 无向—定向

你的注意力是否定向和集中？如果是，对象是什么？还是说你的觉知在游离，在体验中畅游？你的觉知与你的身体同步吗？你的身体在做什么，还是什么也没做？

· 静止—活跃

你的觉知处于静止状态，还是处于活跃状态，朝着你的意识之流、感官体验或外部环境中出现的事物的方向移动？

· 向内—向外

你的心理是否在以主体-客体、自我-他者的角度运行？你的注意力是在关注外部事物,还是向内关注自己意识之流中呈现的事物?当你的觉知面向自己时会发生什么?

· 松散—固着

你的觉知或注意力是不断重复或偏执的,还是在体验中无拘无束的?

现在你已经快速了解了觉知的每一个主要特性及其能力,让我们回顾一下是什么让我们的觉知与众不同。我们说过,觉知是清醒的,是有意识的,它有反射性和显明性。它可以从反射转变为折射,也可以朝着焦点方向移动,专注于它所关注的对象。它开放广阔,可以容纳任何事物。我们的觉知执行着很多功能,即使它不像物理对象那样能被我们看到或抓住。虽然我们的觉知是无形的,但它可以做到专注。觉知也可以摆脱执着,相应地改变自己的方向,关注点可以向外、向内,甚至转向其本身。

同情心

主客体参照系在我们自己和世界之间建立联系的反面是什么?那就是两者之间没有参照系。当我们的觉知摆脱了惯常的自我–他者立场，它就为我们创造了以一种完全不同的方式感知并与自己和他人建立联系的条件。现在，我们大多数人都有自己喜爱的人与物，从我们最爱的人到我们根本不喜欢的人，喜欢的程度逐渐变弱。不过，觉知的特性和表达方式可以为所有人结出智慧和同情之果。这不是一种以某人为对象的定向同情，而是一种没有参照点的同情，它在本质上是包罗万象的。无论是对我们的家人、爱人、伙伴、朋友还是其他任何人，这种同情都远远超出了同理心或一种我们通常只对自己"部落"才有的"领土之爱"（你可以自己来定义）。当我们的觉知没有参照点时，同情心是我们所能体现的最具包容性的立场。当我们不从主客二元取向出发，就没有"我"或任何行为对象或代表他人行事的人，只有觉知本身及其所有的特性同时显现，这才是最大的同情心。但在能够运用这种同情心之前，我们需要在我们的自我–他者框架内进行运作，同时意识到，虽然同情心可能是一种建构物，但它仍然能让我们产生各种优良品质，尽管是在一个二元框架内。对于"人人平等"，你会开始注意到自己是怎样开放地对待这个观念的。生命都拥有相同的自然能力，能觉知，能感受痛苦、困惑和其他种种。看看你是否可以渐渐为那些你不爱和不关心的人腾出空间，是否能够获得新的视角。

第 7 章

证据与偏见

> 人们没少花多少精力去拆解那些
> 证实他们已经相信的证据。
>
> ——彼得·沃兹

我们大脑的工作就是将自己理解为在时空中运动着的物理存在。它必须与它所接触的一切，包括自身内部和外部的事物联系在一起。如果有人让我们制造人类，这将是个棘手的任务。我们很少停下来认真思考人类的身体、大脑和思想有多么不可思议，我们只是寄居在躯体中生活，好像一切都稀松平常，甚至无聊，有时遇到一件麻烦事，有时遇到一件苦差事，为了让这个我们称之为"身体"的东西运作，大脑必须进行一些相当复杂的操作。大脑会竭尽所能应对身体和心理需求，利用一个精密的反馈循环和信号系统来加工内外部信息，以处理它面临的各种情况。想象一下，有人不得不承担让大脑和身体全天候持续运作和交互的重任。等一下，你就是那个承担责任的人。再想象一下，你的大脑和身体如果只做出反应，你就没有足够的时间来高效地完成所有的事情。因此，你的大脑会预测并模拟它认为接下来会发生的事情。你的大脑是根据什么做出这些推测的呢？是先前的经历。但正如我们常说的，好心没好报，有时候大脑就是会搞砸。

比如昨天早上，当我半睡半醒地从马桶走到盥洗盆时，差点失去平衡被磅秤绊倒致死。我觉得我在黑暗中的方向感比我在白天被迫起床时更好。当我们的大脑在预测中出现错误时，它会迅速尝试纠正这些错误，为此，大脑需要它所获得的一切信号来完成这件事，即我们感官输入的数据和我们身体内部的数据，以及我们的内感受器感觉和情感。但如果没有翻译，这些信号就很难理解。我们的大脑需要理解和整合这些数据，并据此采取行动。大部分工作会自动完成，根本无须我们有意识地思考，但是，很大一部分意义建构和解释的工作可以并且确实必须在我们有意识、主动参与或追溯过往的情况下发生，这就把我们带到了本章的主题，也是12个自我发现之一（自我发现7）——你收集证据做什么？

我们从自身经验中得知，正如我们大脑做对了许多事情（达到惊人有效的程度），它也在相当多的地方出了错，尤其是涉及我们如何解释自己的感知时。我们的武断或偏见使我们倾向于歪曲的观点，而我们常常对此视而不见。虽然考虑到我们的大脑必须在各种变动的预测间做出选择，这是可以预料的，但这也意味着，在梳理我们阐释的不准确和谬误之处时，我们必须格外细致。如果不加遏制，我们往往会收集证据来支持我们对环境和周围人的评估。大多数情况下，我们甚至没有意识到自己在这么做。假设我们对某人的第一印象不太好（我敢肯定你从未遇到过这种情况），下次我们见到这个人的时候，我们的感知通常会受到第一印象的影响。

你也许会评价你认识的某个人（比如你的兄弟姐妹、配偶或成年子女），你认为他（她）的餐桌礼仪就像食人魔一样——就像史瑞克那样的真正的怪物。这是真是假，你得出这一结论的衡量标准是什么，都很难说，尽管它可能包括把这些人和食人魔混为一谈，而这只是基于你之前对食人魔的印象、你对这些人的看法以及对他们在餐桌上如何表现做出的预期，实际上你认识的人并没有这样表现，但至少，他们没达到你的标准。虽然在许多文化中，在餐桌上吧唧嘴、打嗝和大声吃东西都被视为不礼貌的行为，但在另一些文化中——食人魔文化就是其中之一——这是人们所期待的，如果你不这样做，则是对主人的侮辱。快进到下一次你与此人共进晚餐时，你可能会无意中寻找他们食人魔般举止的证据，你甚至可能会寻找这个人的其他明显缺点，好把他们归入一个另类的心理范畴，而这个范畴是你划分给那些举止非常糟糕，与之比较起来食人魔都算有礼貌的人。简而言之，除了所期望看到的，我们可能会对其他所有证据视而不见。这种现象被称为"确认偏见",我们会(有意识或无意识地)寻找证据来支持我们对自己、他人或环境的现有看法。与确认偏见有亲缘关系的是皮格马利翁效应,它基本上指的是一种已研究过的现象,即我们的预期不仅能塑造和影响我们对他人的看法,还会形成与这种预期相关的实际结果。在本章稍后的部分,当我们探讨"'查漏补缺'偏见""看到自己和他人最好的一面"和"清空'头脑垃圾'"等自我发现时,我们将更深入地讨论这一观点:我们的信念不仅会影响自己,还会影响我们对他人的看法。

感知:物有千面,各有所见

想要观察人们感知的多样性时,我们可以用这种方式:了解不同的人对他们目睹或知情的同一事件赋予的不同意义。如果你询问 10 个目睹了同一事件的人,回答中显然会提到一些共同的主题和观察结果——他们在类似的经历、环境和影响下长大,尤其如此。然而,如果你要求他们更详细地说明情况发生的原因或者他们得出的见解,他们给出的答案很可能更多地反映了他们的个体独特性和既有信念,而不是你所要求的对事件的描述或评价。换句话说,已发生的事实能反映出我们的自我身份和社会的影响，而我们对其做出的解释即使不比它反映得更多，至少也比事实本身多。

在今明两天剩余的时间里，你是否能注意到对他人或自己所处情况的最初印象。如果你以前从未见过某人，你会有什么第一印象？与配偶、家庭成员或同事等你熟悉的人在一起时，注意你的情绪效价或突显性，以及你对他们的潜在看法。当你和这个人在一起时，你的感知效价在哪里？你觉得积极想法多还是消极想法多？和这个人在一起对双方都有益吗？注意你是否已经有了成见。你已经评判了他们的性格吗？他们也已经评判了你的性格吗？你是否给予某些人充分的信任，而没有对其他人留有同样的余地或心理空间？如果是，检查一下原因。此外，要注意你对某人或某事的评估是否与你的期望有关，以及这些期望在何种程度上得到了满足。然后，花几分钟记录你发现自己所关注的内容，看看它们是否与自己为已有观点而收集的证据有关，还是说你在以一个全新的视角审视自己的感知。问问自己：你所相信的会产生什么影响？它对人际关系有利还是有害？你是否看到任何明显的地方，让你想立刻转变或按下重启键？

当你意识到自己正在收集的证据、关于某人或某事的一套说法可能会成为理解事实的阻碍时，这个自我发现的要点就能被概括出来了：

- 当你陷入偏见时，你会开始质疑甚至反驳自己的说辞。
- 你开始更快速地检视自己所讲述故事的真实性，避免数天或数月陷在迷幻世界里。
- 你会主动收集对自己有利或者能给生活中的人际关系带来积极影响的想法和习惯。
- 你开始看到一种习惯性倾向：通过将自己的感知和信念合理化来理解自己的经历。因为你意识到了这种倾向，所以你不会只看自己认为的表面事实，而是将其视为一种观点或解释。

"查漏补缺"偏见

永远不要有消极想法，你让它一寸，它进你一尺。
——马修纳·德利瓦约

大脑天生对不愉快的信息更敏感。消极反应是自动的，在大脑信息处理的最早阶段就能被检测到。以约翰·卡乔波（John Cacioppo）所做的研究为例。卡乔波证明，大脑对其认为是负面的刺激反应更强烈，脑电波活动会激增。因此，消极数据比积极数据更能影响我们的态度。据推测，我们倾向于消极输入的目的是让自己远离伤害。记住，我们的大脑有责任引导我们了解世事，确保我们不仅能理解即将发生的事情，还能知道我们需要应对的方式。因此，大脑开发出了关键系统，使其能够抢占先机，然后迅速理解和应对情况。这种现象产生的意想不到的后果是：我们总能知道无效、差距、错误或遗漏所在。我们不仅可能习惯于以一种不够善意的眼光来看待人或事，而且一旦形成最初印象，这些印象通常就不会改善。

"查漏补缺"偏见是大脑理解自身感知和经验的众多机制之一。没人想过会是这样，但事实就是如此。我们一方面发现自己拥有许多不可思议的设计特点，但另一方面也同等程度地具有可能让买家懊悔的许多缺点，这种自我发现很可能就是其中之一——对我们有用时很棒，无用时令人头痛。但由于可能没有人在做记录，因此还没有人提交整改单，要求对意外的负面结果进行审查，希望得到改善。所以，在日常生活中，我们每个人都必须成为自己的监督员。为此，请注意你的"查漏补缺"偏见如何影响自己的感知和理解习惯。在你的生活、工作和家庭关系中，你在哪些方面是以"查漏补缺"的视角来看待问题的？记录下你所看到的与自己的消极偏见相关的内容。关注并反思一下，这种观察和解释方式对你的即时体验、行事结果和人际关系的影响。

在对组织及其领导者应对日常业务的培训中，我们可以经常看到"查漏补缺"偏见，我们有一整套学科和研究领域来解决差距、低效等问题。顺便说一句，这并不是说查漏补缺偏见是错误的。我们当然需要辨别什么可行、什么不可行，并采取行动解决问题。但是，从问题的角度看待一切，本身就具有局限性，甚至是有害的。我们会把自己、他人和事件的各个方面看成长期存在的问题，且需要及时纠正。如果将视角转变为持续改进的心态，我们进行渐进式改进的时间就会延长。我们可以不用规定自己必须达到某个程度，相反，我们只是保持投入，充分利用每个新时刻所呈现的以及我们所能给出的一切。

就像我们试图改变自己，需要具备有意识的觉知和意图，才能意识到自己正反复掉入同一个陷阱，然后不断展开逆向工程，弄清导致这种结果的首要原因，以及如何妥善应对我们暂时的精神困境。对我们正在经历的事情来说，改变我们的感知视角或觉知是有效的方法。然而，如果这个方法不那么容易，我们可以通过认知重构来看看自己可以改变什么。

举个例子，你目前很难与之交流或相处的人也许是你的老板、同事、某个亦敌亦友的人、兄弟姐妹、父母、邻居或孩子。想象这个人现在就在你面前。在与他们相关的许多让你努力适应的事情中，设想他们有哪些言语或行为让你"抓狂"。当他们的言行让你想要按下他们（或你自己）身上的退出键时，你有什么明显的身体感受？有什么思想、感觉或情绪？试着注意你在效价方面的感受，即积极-消极连续统一体。在心中记下对你来说的突显程度（你的感觉程度或强度）、感觉出现的速度，以及这些感觉通常会持续的时间。你与此人交流时，或者当他的言行举止让你陷入混乱时，你能采取什么视角？在这些时刻，你内心有什么可以调用的资源？让我们看看通过"感知和认知重构"策略，你能获得什么。

感知和认知重构策略

感知重构

在你觉知的各种特性和表达方式中，你的观念变化会如何创造条件来改变你的看法，赋予你一套全新的心理参数以供使用（见图 7-1）？在以下你可能问自己的问题中，哪种立场会产生新的理解和与他人相处的新方式？

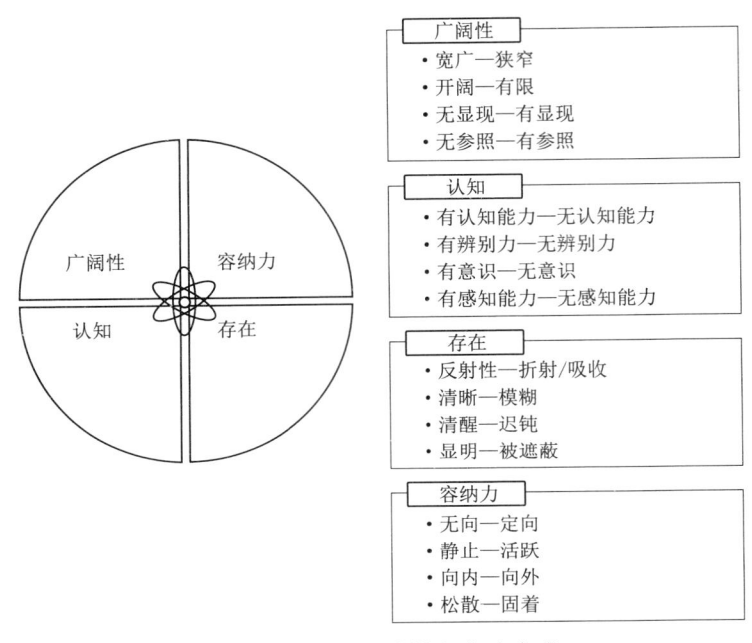

```
┌─────────────┐
│ 广阔性      │
│• 宽广—狭窄  │
│• 开阔—有限  │
│• 无显现—有显现│
│• 无参照—有参照│
└─────────────┘

┌─────────────────┐
│ 认知            │
│• 有认知能力—无认知能力│
│• 有辨别力—无辨别力│
│• 有意识—无意识  │
│• 有感知能力—无感知能力│
└─────────────────┘

┌─────────────┐
│ 存在        │
│• 反射性—折射/吸收│
│• 清晰—模糊  │
│• 清醒—迟钝  │
│• 显明—被遮蔽│
└─────────────┘

┌─────────────┐
│ 容纳力      │
│• 无向—定向  │
│• 静止—活跃  │
│• 向内—向外  │
│• 松散—固着  │
└─────────────┘
```

圆形图：广阔性 | 容纳力 / 认知 | 存在

图 7-1　觉知的特性和表达方式

来源：© Brain Capital LLC.

- 我的观念能否因广阔性而受益？我的自我-他者角度会通过哪些方式扭曲我的观点？我是否过度关注自身和自己的预期而忽略了他人，或者反之？我对他人或事件的看法在何种程度上会受到成见的限制？如果我能拓展我的观点，可能会发生什么？
- 我可以在何处发挥更深入的洞察力？我对他人的感觉或者我们的关系，有什么是我没有意识到或误解了的？如果有，我对所涉及的一个或多个变量有哪些没有理解到的？
- 我对事物有清晰的认识，还是我的视角在某种程度上受到遮蔽、变得模糊或出了错误？如果有，以何种方式受到遮蔽？我的反应可能在何种程度上是我自己某方面的投射，而这方面是我所排斥的？或者，我的反应在何种程度上是我自身经历的反映？
- 如果我向内看，无论是审视自己的觉知，还是反思我在事件中所扮演的角色，能否让事情变得更好？我的心理是否平静稳定？如果我考虑他人的感受，做出有利于改善关系的行为，会产生什么结果？我是否有过于执着或过于关注的对象？我是否优先考虑人际关系的质量或互利的解决方案，而影响了我注意到其他观点？

当需要对自己的觉知进行一次或多次调整以转变我们的视角时，我们可以远离事件，或者让我们的觉知发挥其自身的广阔性，从而创造出心理空间。我们可以让觉知的任何一个特性发挥作用，比如明辨情境的能力，这可能包括认识到自己的观点或解释可能存在何种偏见或受到何种扭曲。我们可以带着有意识的觉知，思考利害攸关的事物以及自己的意图。为此，我们可以做几个深呼吸，想象伴随着每一次呼吸，我们都正为自己的视角注入觉知中所存在的各种形式的智慧——我们的内在向导，任何一种表达方式都能够给予我们帮助，是舒缓我们目前心理状态或心理困境的良药。

认知重构

在认知重构中，你将运用心理推理来改变自己的意识。用想法改变想法，用概念转变概念。由于你可以应用的概念是无限的，而你的创造力或想象力可能是有限的，因此你也许希望从尝试练习12个自我发现中的一个或多个开始。当你陷入困局时，或者当你感知和理解人物事件的方式不正确时，每一个自我发现都会让你以新的方式看待自己的思维习惯并与之建立联系。

以消极偏见为例。我们在生理上倾向于通过"查漏补缺"偏见来看待我们的经历，这会使纠正消极偏见的过程更具挑战性。尽管如此，如果我们不想让已有的消极偏见进一步发展，就要转变视角。我们可能想反其道而行之：看到人或事件中的生成性元素，这就是我们将探索的下一个自我发现。它作为一种快速有效的方法，能帮助你觉察出自己想要深入探索的目标，引导你找准方向。你可以问自己几个简单的问题：

- 我可以直接控制或影响什么？
- 我的意图是什么？
- 我想实现的目标或结果是什么？
- 哪些是利害攸关的问题？
- 按照我的价值观行事会怎样？在这种情况下对我来说什么是重要的？
- 我的言行举止会给自己或他人造成伤害吗？

纠正"查漏补缺"偏见

当能熟练运用最合适的视角时，我们就获得了以下对自己心理的施动性：

- 当消极偏见突然出现时，我们能够阻止这种倾向，并从其他视角来看待和理解我们的经历。
- 我们发现自己试图解决"问题"。当发现自己正在认定某件事有问题时，我们能够选择改变自己的语言。当使用更具欣赏性的语言时，我们往往会问出有积极导向的问题。当从问"怎么了?"或"有什么问题吗?",转变为问"什么是对的?"或"什么可行?""机会在哪里?""有什么可能性?",我们就改变了询问本身的性质和结果。

- 套用一位朋友的话,我们很快就能摆脱我们所面临的难题的"丑陋包装",打开里面等待着我们的礼物。即使礼物传达的信息可能不那么鼓舞人心,我们也能在困境中找到意义,并相应地调整我们的心态。

清空"头脑垃圾"

> 一个有趣的悖论是,当我接受我本来的样子时,
> 我就能改变自己了。
>
> ——卡尔·罗杰斯

我们每个人都会发展出一套应对机制和一套说辞,以理解我们生活中的困境。然而,我们所开发的这些应对逆境的方法最终将不再适用于它们的原始情境或预期目的。虽然这些方法适用于某个时间点,但现在对你来说可能不再是有益的策略了。然而不知何故,我们忽略了这一点,因为我们离

事件太近而无法看到其本质。促使我们做出反应的条件往往在我们做出反应之前就发生了变化，我们处理这些情况的方式可能会滞后于我们的觉知，或在承认当时对我们有用的东西现在不起作用之后。适用于一种情况，不一定适用于另一种情况，这不是"即插即用"的。

我们可能会在无意之中落入一个窠臼，即认为每一件发生在我们身上的坏事都与自己的性格缺陷有关或是由其造成的，而这样或那样的性格缺陷要么是他人告诉我们的，要么是我们自己所坚信的。当我们经历失望或失败时，这种情绪就会浮现，然后我们会告诉自己和他人发生这些事情的原因，是因为我们不讨喜、我们不够好、我们什么都做不好，或者是那些你最常想到的自己不好的地方。当发生负面事件后或灰心丧气时，我们甚至会在没有意识到的情况下重复这套说辞。在那些时刻，我们会对自己说一些我们不敢对任何人说的话。我们会进行消极的自我对话，悄声说："我告诉过你这行不通。"或者用第二人称告诫自己："你不应该放手一搏或冒险。"

这些故事助长了我们的自我怀疑，在我们的抱负和相信自己有实现梦想的能力之间制造了越来越难以跨越的鸿沟。就像学会面对失望一样，我们会寻找证据来支持那些自我设限的信念，而在不知不觉中毁掉自己。我们的头脑垃圾可以以故事和剧本的形式占据我们想象的中心舞台。它们就像反复排练过的台词在我们大脑中循环，就像我们无法摆脱的一首歌的歌词。

心理卫生

我们不会故意长时间不洗澡或不刷牙，对吧？那么，为什么我们没有意识到自己的心理也同样需要保持卫生呢？偏见是感知本身的一个特征，虽然我们不可能根除所有的偏见，但培养觉知是我所知的唯一办法，它可以帮助我们抵消这些倾向，以及因带着偏见处事而产生的负面后果。就像随着时间的推移，我们总爱囤积各种乱七八糟的东西，我们也会倾向于囤积一些心理模式，这些模式对我们的目标并无益处。因此，就像定期整理衣柜一样，我们必须有意图地重新审视我们的信念体系，掸去表面的灰尘，并确定它们是否仍然适合我们。

最近，我给一群教练和领导者上了一门关于"12个自我发现"的课程。当谈到"头脑垃圾"这个概念时，我想解释我们的头脑垃圾通常采取自嘲评论的形式，但我无意中说的是"头脑垃圾通常以自嘲式的评论和你对自己的信念的形式出现"，虽然这不是我有意使用的描述，但这正是头脑垃圾的意思！当练习观察和记录你可能编织在自己或他人身上的各种故事和自我设限的信念时，你可以试着阐明这个故事或信念的核心，以及你有意或无意收集来印证自己或他人看法的证据。想想这个故事或信念是否对你有帮助，如果没有，什么可能对你更有用？你需要寻找什么证据来证实你的新故事或信念？注意你的心理模式和思维习惯会将你引向何处。你觉得其中哪些最容易让你陷入困境？在何种情况下你会陷入困境？当困于头脑垃圾中，你能及时发现它们吗？当进行消极的自我对话时，你能意识到吗？如果你没有接二连三地掉入这些心理陷阱和圈套，可能会发生什么？你还能做什么？在以下情况下，你会知道自己已经在这个特殊的自我发现中取得了进展：

- 当你的头脑垃圾来找存在感时，你会用自己已经学会的策略来反击，以建立和强化自己积极品质的证据。
- 你不会进行消极的自我对话，即使这样做了，你也能及时止损，把对话转移到那些有助于思考和自我叙述的事情上。
- 你对自己足够了解，当自己故技重演，陷入恶性循环思维、消极自我对话或忙于收集不利证据时，你可以及时发现，并立即做出改变。

看到自己和他人最好的一面

每件促使我们注意到他人的事，
都能使我们更好地理解自己。

——卡尔·荣格

由于我们容易陷入头脑垃圾、确认偏见和消极偏见，加上我们所痴迷或执着的东西会被突出和放大，我们在练习发现人和事中的生成性元素时，必须勤勉用心。也就是说，如果我们承认并相信自己的关注，我们所关注的就会成为我们的现实，无论好坏。当我们陷入恶性循环时，实现目标通常不会像观察楼梯能否到达地下室那样直接，而如果我们能发现自己走错了单行道，我们就不会继续逆行，而是能够审视自己的负面情绪，看它是否能给自己或周围的人带来好处。

当看到的都是消极、负面、有差距和缺陷的一面，我们就需要练习看到他人的优点，以及事件的其他可能性。我们可以认为这就是应用同理心或同情心。如果同理心或同情心不是对一种能力的锻炼，这种能力让我们与自己及他人最好的一面取得联系，那么什么才是同理心或同情心？鉴于我们无法控制他人或外部环境（我们只能控制自己对它们的反应），这种学会发现和欣赏他人或事件中的生成性元素的方法特别有用。当我们努力应对一个人或一种情形时，有多个选项可供我们选择。我们可以保留自己的感知方式，继续被自己的心理态度牵着鼻子走，也可以做出改变，重新选择关注的对象。为此，你可以进行一次或多次练习来重构你的意义（你理解的意义），或与之相关的感知立场。

多年来，在指导客户和领导者的过程中，我发现他们经常以想成为更好的倾听者、培养更强的自我觉知或提高与他人相处的效率等作为参加培训的目标。但客户往往没有从全局考虑为什么自己会得到现在的结果，或者为什么他们与生活中（包括工作和家庭）主要人物的关系会出现问题。在我做过的培训中，每次谈话的主题都会迅速转到客户渴望改善自己的一个或多个重要人际关系上。我们习惯于将注意力集中在某个人身上，或者与此人的关系中我们不喜欢或不符合我们期望的地方。但正如我们在本书前面谈到的——我分享了女儿的迟到倾向以及我处理这件事的无效方式——我们常常没有意识到是我们的期望挡了路，让我们无法与生活中的某个人保持良好关系。

一旦意识到并不是这个人有意让我们失望或辜负我们，而是自己的期望没有得到满足，我们就能明白，努力看到他人最好的一面，以及清楚地知道我们对这段关系的期望有多么重要。当透过欣赏式的探究视角，主动审视自己和他人的品质时，我们就会不可避免地看到自己喜欢、热爱或欣赏此人的地方。当花费至少同样多的精力（如果不是更多的话）去寻找正确的或有生成性的证据时，我们的注意力就会转移，我们的心理态度也会随之改变。

我们人类很有意思。我们所要做的就是给大脑一个任务，大多数时候，它都会毫不迟疑地去完成。如果你让大脑去寻找那些不起作用的东西，它就会立即开始工作，不停地翻找你要的数据。同样，如果你让大脑去寻找有用的东西，或者用来解决旧问题的积极的、向上的、全新的视角，大脑也可以做到——即使它不习惯这样做。当我们练习将自己的感知和认知倾向转移到对某个情境的具体感知和信息收集上时，我们将会提高自己的心理敏捷性，也就是说，我们能够将自己的视角转变为盟友而不是无意识中的敌人。

我见证过客户挽救了婚姻，与孩子和爱人建立了更积极的关系，学会了与曾经无法忍受的同事很有成效地合作。当他们为了建立这种关系，设想、表达最恰当的意图并按其行事——不是排除自己的感受，而是通过在自己的期望和对这段关系的渴望之间保持张力时，他们就能够做到这一点。这不意味着一切都突然变好了，再也不会出岔子了。我们的生活不会突然变成迪士尼电影，我敢肯定无论如何我们都不想发生这种情况。我们所有的这些相同的倾向会突然出现，无论如何，它们都会在我们的思想和意识习惯中占据一席之地，但不同的是，此时我们已经做好了转变自己感知或认知视角的准备，以此来影响自己对现实的解释和之后的行为。无论我们能否意识到，我们的行为和观点往往会遵循固有的思维习惯，在这种情况下，我们能做的是了解自己的心理感知和解释习惯。

然后，当看到自己因为别人没有达到我们的期望而做出的反应时，我们就会更好地发现这一点。如果你定期记录，情况就更是如此。你可以返回并阅读12个自我发现日志中的一个或多个相关条目，查明这类想法可能会突然出现在你人际关系中的何处，或突然出现在你对自己经历的哪种理解方式中。只有当你认识到需要做什么，你才能付诸行动，这就是我们希望12个自我发现能起到的作用——提醒你有选择。你可以有意识地决定选择的意义、你所依赖的心理模式，以及你在何处可能找到为自己改变一些事情的机会——你如何理解或回应某些人或某些情况并不总是那么容易预测的。最终，我们可以做出选择，让自己朝着有利于自己和他人幸福的方向前进。

上路吧，杰克[1]

你可能想知道是否应该继续目前的工作或感情。如果是这样，那么重新认识这件事的积极性或生成性元素是很有必要的。但是，如果擦亮眼睛不起作用，也不能重燃情感火花或找回当初爱的魔力，那么只有一个人能决定是否该向前看，那个人就是你自己。当你发现你留了下来但又看不到好的一面，只是因为目前没有足够好或者合适的东西存在，那么你很可能应当换一个环境或伴侣。但我在这里想说的重点是，如果我们放弃得太快，特别是没有尝试几个不同的视角，那么我们永远不会知道这段关系的失败是不是由许多实际上可变动的原因导致的。当我们练习用欣赏和感激的眼光看待事物，将自己与一个人或一种情形中好的、正确的一面联系起来，我们就创造了建立真正联系的条件，并能从类似的新关系或旧有关系中具有生成性的元素中受益。然而，在我们的生活中，有时即使将消极视角转变为经过深思熟虑的视角，我们所处的关系或情况也不乐观。请注意，此策略并非适用于所有情况，尤其是存在虐待或伤害时。在这些情况下，再多的积极尝试也无法修复伤害，也不值得等着看情况是否会好转。只有你足够了解自己的情况，才能做出对自己最好的选择，也才能决定是否应该寻求专业帮助。

当我们"看见"彼此

看到别人最好的一面是什么意思？这意味着我们不仅仅要看到他人现在的样子，还要看到他们曾经的样子，以及他们通常情况下的样子，这意味着我们要给予他人与我们所爱或所尊敬的人同样的尊重和体面。当我和一些与他人相处有困难的客户共事时——不是在他们的个人生活中，就是在他们的职业生涯中——我鼓励他们练习去关注对方的良好品质。对于每一个问题，我要求他们至少从中找出三个积极的方面。我们不需要编造事实，但是在理想情况下，我们确实需要找到一些可取之处。如果你真的很难在那个人身上找到积极的东西，那可能需要你用觉知跳脱出来。想想看，虽然这个人在你眼中不讨喜甚至卑鄙，但他仍然是和你一样拥有觉知能力的人。他和你一样，渴望幸福、安全和保障；和你一样，遭受过痛苦，有未满足的需求和期望；和你一样，经历过失望、背叛和苦难，很可能在人生某个阶段经历过生理和心理上的痛苦；和你一样，他受制于宇宙法则——疾病、衰老和死亡。他们经历无常，失去了他们珍惜的人或曾经给他们带来快乐的环境。如果我们不能在给予基本尊严和人性的层面上沟通，那还有什么希望创造一个更美好的世界？我们必须从这些基本点出发。

如果你发现自己对别人说过的话或做过的事，甚至对他们的存在本身，做出过消极的反应，请问问自己原因：这个人怎么惹我生气了？我是否反对他所说的话或所做的事？他是否有其他可能会让我有不同感受的做法？每次你提出问题，就试试精益管理法中的所谓"五问法"。那就是你问一个问题，然后把你的答案变成问题的形式，再问一次。这样做五次，直到你明白自己的感受或反应可能是你不喜欢此人的根本原因。通常，这种做法会帮助你避开核心问题的表面现象或副作用，最终，你往往会发现一个你没有意识到的、没有得到满足的期望，或者一个以某种方式被隐藏或扭曲的价值观或信念。

此外，你会发现这个人身上的一个或多个行为特质可能更像你。当这种情况发生时，我们会感到痛苦或受到冲击，尤其是当这种特质突然让你体会到你周围的人对你的感受。也许你性格专横，经常打断别人，或者两者兼而有之。当你面对一个与你的跋扈有一拼的人，或者一个你在他旁边却一句话也插不上的人时，你可能会体会到作为受气包的感觉。当然，这并不总是意味着你在别人身上观察到的东西会反映你自己的行为倾向，你输入的关于对方的任何信息反映的都是你对他们的感知的效价或突显性。记住，他们可能会从你身上也感受到这一点。

好消息是，在这些情况下，你有多种选择。你可以停下来观察，注意自己内心的想法和一切身体感觉。你可以调用一个或多个你能掌控的觉知特性来转变你的观点，或者你可以看看 12 个自我发现中的哪一个在此刻对你有帮助。当你在有意识觉知的协助下行事时，你就增加了此刻的可选项，让你的回应反映自己的价值观和意图。

"看到自己和他人最好的一面"的益处

以下现象表明你已经在这个特殊的自我发现方面取得了进展：

- 你开始注意到正确的、现有的、自己可获得的东西，而不是注意错误的、缺失的东西或差距。
- 你从心理上的匮乏模式转变到富足模式。

- 你能再次看到自己和他人的优势,并选择关注生活给予你的具有生成性的因素。
- 你屏蔽或调低了无益的说法或信念的声音。

第 8 章

幸福是一种心态

> 幸福归根到底是在两种不愉快中做出选择，
> 一种不愉快是觉察到内心的痛苦，
> 另一种不愉快是被这种痛苦所控制。
>
> ——咏给·明就仁波切

你是否认为自己能掌控自己的心理状态和情绪？你是否觉得自己拥有更好的策略来识别不良的心理状态，并使用我们迄今为止探讨过的策略来应对？在我们开始学习发现和使用自己的心理模式之前，让我们进一步了解自己的心理、习惯和转变它们的能力，看看有哪些东西在起作用。

打破行为惯性

觉知是我们有意识地做任何事情的先决条件，同样，我们能够采取行动，创造出最佳条件来改变我们的行为，对于我们真正改变自己的意识习惯来说至关重要。我们从牛顿第一定律得知，任何物体都会保持匀速直线运动或静止状态，直到外力迫使它改变运动状态为止。牛顿运动定律还说，只有外力作用才能打破物体的惯性状态或使物体转向不同的运动轨迹。但是牛顿关注的对象是物体，而不是人类的心理、行为或习惯，那么，人类行为的惯性是什么样的呢？我们可以将人类的惯性描述为一种行为停滞或知觉模糊的状态，即缺乏有意识的觉知。在这种状态下，我们根据塑造和形成我们周围环境的外部条件，或者我们感知、理解和回应所在环境的惯有方式来采取行动。当我们想要更好地了解我们如何为自己所能施加的影响承担更大的责任时，让我们看看我们对改变的看法，以及我们在这一过程中所扮演的角色会如何影响我们对可能发生的事情的看法。

正如牛顿第一定律所说，外部力量当然可以成为运动轨迹改变的原因，有时我们将这种类型的事件称为考验。当我们或我们所爱之人的生活中发生极端甚至灾难性事件时，外部力量可以为我们提供动力，打破我们可能正在经历的行为惯性。虽然这些外力可以让我们走上新的道路，但之后发生的事情才往往决定了影响力的持久性。我们从量子物理学中的某些实验得知，受观察的物体与未受观察的物体表现不同。为此，我打开一罐无法放回主观虫洞的蠕虫，在这个例子中，"受观察"是指通过仪器进行侵入式测量，而不一定是被实验室里的实验者用肉眼看见。我提出这个问题不是为了挑起事端——尽管我确实喜欢这样做——而是因为这个主概念与以下观点密切相关：有意识的觉知是一种内在条件，它使我们能够做出不同的行为和反应，而不是机械性地做出反应。这两种方式不仅在性质上不同，而且有可能产生截然不同的结果。[1] 正如我们将看到的，当引入一个有意识的观察者时，我们自己的觉知可以让我们改变生活中看似不可动摇的元素。

正如我们在觉知矩阵以及觉知的特性和表达方式中所看到的，我们的觉知更多的是作为一个连续统一体而存在的，它不是任何一种单一的感知方式。我们可以觉知到进入我们有意识领域的所有事物，甚至是我们间接或通过推理而觉知到的事物。我们可以将这种觉知能力看作我们心理的认知部分，一种有意识的、清醒的和有意图的觉知，它完全不同于被动或中立的觉知，在后一种情况中，我们的大脑虽然仍在处理各种输入信息，但我们有意识的觉知已经退居幕后，隐藏在我们主动觉知到的事物表面之下。此时，我们可能体会到自己的觉知更像一种模糊、迟钝或未经觉察的心理状态，我有时会将其比作巡航控制或自动驾驶状态。我们的觉知可以说是意识中按需变化的一面，就像一只听话的狗，即使是在梦里，只要你叫它，它就会过来。虽然觉知可能会很快再次消失，但它总是在意识范围内，随时准备好去感知和被感知。我们的觉知让我们能够有意识、有意图地做我们所做的事情。

鉴于我们的既定目标是明确我们能产生直接影响的事物并为之采取行动，因此，我们需要找到并激活动力来消除自己的行为惯性。最重要的是，我们还需要找出并重复所有能让我们维持改变势头的事物。[2] 当我们审视内心深处，探索是什么让我们有可能做到这一点时，在最基本的层面上，除了我们自己的觉知，还有什么提供了足够的条件，让我们做出行动并维持动力？任何体验与我们有意识的觉知相结合时，表现得都与我们的觉知处于被动或完全不存在的状态时截然不同。

我们不需要找太多相关的例子。以自主神经系统为例，除非出现生理功能的缺陷或丧失，否则它永远稳定可靠，以维持我们核心功能的正常运行。如果自主神经系统是个员工，"他"将是风雨无阻的那个人，是我们可以信赖的那个人。当涉及不属于自主神经系统的其他功能时，我们执行相关任务的能力可能会发生很大的变化，并且会依赖于有意识觉知或习惯。习惯是在语境暗示下触发的行为，所以，只要没人捣乱，我们理解了暗示和语境，这个习惯就没问题了。如果习惯是员工，"他"会像一个可靠的执行者，只要"他"

清楚自己的期望和得到的指示，并且有足够的资源来完成工作，就能自动运转。但是，在某些时刻需要我们有意识的注意力或觉知时，比如养成新习惯或打破旧习惯，不幸的是，就像我家的互联网一样，两者都供不应求，而且其表现也是无法预料的。"他们"不像可靠的员工，更像是总承包商——价格高，得来不易；擅长自己的工作，但极度不可靠，我的老师有时称之为"缺乏力量"。当涉及形成新习惯或打破旧习惯时，我们的觉知和心理施动性是必不可少的要素：

觉知 + 心理施动性 = 动力

觉知是必要的内在条件，而我们的心理施动性是我们摆脱行为惯性所需的内在力量，两者都是推动我们实现目标的关键。虽然我们很容易唤起觉知，但它要求我们记得这样做，即使我们成功地吸引了它的注意力，说服它留下来也同样具有挑战性。觉知需要我们的意识（或心理施动性）在场，让我们保持专注，这反过来又需要我们专心致志地、不断地训练自己的觉知。正如我们从经验中所知，我们的感知能够趁人不备，让我们偏离中心、猝不及防地面临许多自我制造的障碍（这些障碍我们一直在不断地探讨）。这就是为什么我们需要随时辨别我们对自己内心的影响，并根据这种影响采取行动，以重新站稳脚跟，继续前进。总之，这对动态组合——觉知和心理施动性，是我们必须与之协作的主要内在特征，它让我们能够将自己的感知立场和轨迹指向我们渴望的方向。

习惯和行为是许多时刻的动力

我们经常把自己的胜利或失败作为一个事件、结果或记忆来回顾，实际上，如果展开来看，它们更像我们人生中的一步步棋。改变习惯和行为也是一样的，这两个概念都让我们反复讨论自己一系列行动的结果，并对此理论化。我们用"习惯"这个词来指代多次重复的行为，我们在做这些事情时不再有任何有意识的思考。"行为"这个词是我们用来定义某事或某人如何重复地行动或表现的。习惯是"做什么"，行为是"如何做"，这两种情况都是由我们采取的行动产生的，直到它们变得非常普遍，我们才会说"她有打断别人说话的坏习惯"或"她是一个善于说话的人，而不是一个善于倾听的人"。换句话说，我们已经多次做出同样的行为，以至我们不再认为习惯或行为是通过重复的个人行动产生的。相反，我们会想到用描述性的词来描述体现了这种习惯或行为的人。我们用来传达复杂思想的措辞和词语，会影响和塑造我们概念性的理解和预期，其中不仅包括对它们含义的理解，还有对传达该含义所需条件的理解。当单独使用如"习惯"或"行为"之类的词时，我们可能会忘记它们也传达了一个过程。换句话说，这些词本身并没有传达出它们是在更长的时间范围内产生的——我们没有将它们与其他过程性的或动态性的词语（如"流"或"过程"）结合起来，甚至没有一个可以提醒我们这种情况的词语符号。

让我用下面的类比来说明。当魔术师表演魔术时，我们不一定会关注表演之前、期间或之后发生了什么，我们只会注意到魔术的"魔力"或最终结果，比如魔术师成功地将观众锯成两半。我们看不到"魔力"是如何产生的，也就是看不到以一种特定方式采取一系列的行动来达到最终结果的过程。我们所看到的只是两条脚穿 3 英寸[①]红色高跟鞋的腿，而这双尖头高跟鞋主人的上半身正在另一端微笑着朝我们挥手。我们看到了结果，但在认知上，我们没有将产生该结果的因素联系起来。除非我们接受过明确的训练，否则根据当下的认知，我们不会试图将因果概念化，因为这与我们自己感知的"魔力"有关，更不用说试图展开二阶和三阶思维

---

① 1 英寸 ≈ 2.54 厘米。——编者注

（这些思维让我们思考二阶和三阶效应，或我们自己和他人行为的后果）了。我们的大脑不断地模拟现实的画面，本质上是具有预测性的，所以这真的很讽刺。我想，我们在这个领域拥有的天赋和发挥它们所需的代谢资源，最终会用来满足我们自己的短期需求或眼前需求，而不是用来思考随之产生的潜在影响。

我们局限于用"习惯"或"行为"等词来描述一个过程或一系列行为产生的结果，这其实无济于事。在一定程度上，我们谈论过程的方式受制于语言本身，因而我们对行动及其潜在后果的进一步考虑就变得更加重要。与此同时，我们对改变习惯和行为所需付出的努力的预期会影响我们通常愿意付出努力的程度。只有当我们了解到，任何习惯或行为的改变都要靠在我们内心中（当然也包括我们所在的环境中）创造必要的原因和条件，经过更长的（如果不是永久的）一段时间之后，我们才能尝试相应地调整预期和努力，否则，我们就不会给予这件事应有的关注、优先考虑或时间，并且当我们没有达到目标时也更容易沮丧。

所有的可能性都从现在开始，从此时此刻开始。不幸的是，我们想通过能力、个人特质或品质来达成的大部分目标都无法通过一劳永逸地打个钩或一次行动来实现，比如读一篇文章或一本书，一两次冥想，或报名参加一个线上课程。

如果仅此而已，我们早就达到了所需行动的最低门槛。然而不知为何，这正是我们一直在天真地期待的事情，而且，如果所期待的事情没有立刻发生，我们就会变得不耐烦，迫切地从一件事转换到另一件事。成为更好的自己所需的条件视我们的外部参数和内在改变的倾向而定。通过这种方式，我们为自己建立的意识习惯既可能帮助我们，也可能阻碍我们探索理想的生活方式。

培养我们自身的任何东西，无论它是什么，都需要许多时刻的动力，而不是单一的、一次性的事件。扩展我们的知识库和我们对这些概念的应用，我们就会有更多的选择。学习并将自己置于不同情境的过程不仅有助于塑造和影响我们感知世界的方式，还有助于我们选择有意识地理解事物的方式。我们有意识做出的行为体现在每一个新的时刻，直到这些时刻形成连续性的动力，孕育出新的存在方式和新的行为方式，这就是术语"涌现"的含义。我们都处于不断的变化和涌现中，不仅是我们的环境在不断变化，我们自己也在随之不断改变。本书向你介绍的工具不仅能让你在这个过程中拥有最大的发言权和施动性，还能让你改变自己感知、理解和回应所有经历的暂时性和无常性的方式。

在某一刻，我们承认自己养成了一种新的习惯或行为。

但直到这种行为表明了我们的行事偏好，我们才会意识到，我们现在正在做的事已经做了很多次。同样重要的是，我们周围的人开始承认这些持续的变化是一种新的习惯或行为，这使他们承认我们的实质性变化，比如"她有了很大进步"，还好他们说的不是"你知道吗？米歇尔，你比以前更喜欢摆架子了"。这样一来，每一刻都是一个或输或赢的命题。我们要么朝着梦想的方向前进了一小步，要么离我们想要成为的人或期待的事又远了一步。然而，我们养成了一个新习惯并不意味着它会永远保持不变，除非它永存于线索中。我说的"线索"是指一直伴随着你的东西，除了呼吸，就是你的觉知。让你自己的觉知成为你的线索，成为你培养和训练自己内心的一切体验的来源。

我们如果不持续在内部和外部都采取行动来维持一个习惯，它就会随时间消失，被我们正投入时间做的事所取代，并逐渐形成新习惯。这就是为什么我们每个人都必须创造内部线索来提醒自己想要如何反应或表现。我们可以将这些线索视为可依赖的内部助力，无论其他环境因素如何，我们都已接受了训练并做好准备。这就是本书想向你介绍的：让你以自己的方式使用的相关模型、练习和框架。感知价值流程图和觉知矩阵提醒你已拥有的资源和影响力，觉知的特性和表达方式总结了你随时可以用来改变视角和观点的东西，它们包括你自己的觉知为你提供的心理施动性和获得有意识觉知的所有方式。12个自我发现作为内在提示，是你在当下可以从认知上重构或重新分类你的感受和解释的线索。最后，你将在接下来的章节中了解到身心导图，它是一个框架，你可以使用它来更好地理解你的动机、行为偏好、需求和期望，帮助你找出并处理你的潜在信念、心理模式和社会影响力，以及它们如何影响你的身心合一和思维习惯。简而言之，身心导图是一个工具，它能帮助你弄清楚你的感知和解释习惯，具体来说，就是你如何感知、解释和回应自己的觉知。

将情绪转化为能量

你在练习管控自身情绪这条鼻绳时，可以把它想象成其本来的样子：暂时的效价和突显性，在体内涌动的信号和能量，由自身传递给自身并影响自身的信息。当你感受到情绪的感染力和能量流经你体内时，你的觉知与你可能意识到的任何感觉会融为一体。你可能不得不表达你所体验到的情绪，或者命名它、描述它，而这正是我们要做的：用我们的内感受觉知加上词语和概念，对我们的感受进行重新分类，这是一种有效的方法。但在这一练习中，你要停止概念化的冲动，而只需要注意感觉本身的特质和能量，看看你是否可以注意到你所体验到的情绪，让它的出现及效价的呈现顺其自然，无须试图通过命名或理解这个感受来进行概念性的干预或阐述。

当你试图理解不可捉摸的东西时会发生什么？当你试图命名或概念化你的感受时，虽然你可能满足了大脑赋予意义的冲动，但你也在具象化一些本身是非概念化的、暂时的东西。当你试图给感受命名时，大脑也想理解它，搞清它的意思，从而巩固它。情绪能量的路径与其坐标、效价和突显性决定了它的目的地，而解释行为会改变它的轨迹。你赋予这种非概念性体验的任何意义都可能使它变得更加强烈，也可能通过知觉来减轻和抑制你的感觉。如果你的感觉变得更加强烈，不要集中注意力，试着绕开这件事，重新打开你的觉知。将你的视角放在觉知的广阔性，而不是觉知本身或你对它的概念化上。试着深呼吸，吸气，然后呼气，同时想象你正在扩展自己的意识，注意你的觉知可以变得多么广阔和开放。当你让自己的觉知自由延伸时，任何以思想、感觉或知觉形式存在的东西都有充足的空间来解离，然后自然地消失。事实上，在这些时刻，你越将注意力转移到观察自己觉知的特性上，就越会把注意力从你感受中逐渐显露的细节上移开，比如你对某种情况的想法或感受。相反，把你的好奇心转向好奇本身。探究你的觉知想要了解和感知的心理活动，观察你体验到和注意到的情绪，看看会发生什么。

虽然做起来可能更困难、更抽象，而且肯定不同于对你的感觉进行观察、命名和重新分类，但当你以这种方式与自己的觉知和意识协作时，你就是在培养自己觉知的灵敏性，就是在输入你对它的不同特性、细微差别和表达方式的体验。在这个练习中，我们不是建构情绪，赋予它一定程度的精确度和粒度，而是利用情绪的前身，即在情绪被完全概念化、对生理感觉和情感做出解释并由大脑赋予其意义之前，感知情绪的痕迹。毕竟，正是我们赋予感觉以概念上的意义，才让它被称为一种情绪。既然我们总是在思考，为什么不停一停呢？尝试一些新东西，扩展你的思维习惯，同时记录下用这种方式处理你的情绪会有什么不同，尤其是当你面对凭空出现、汹涌而来的感觉和感受时，你在多大程度上有清醒的头脑和必要的条件来利用自己的觉知。

第 9 章

真言、隐喻及导图

真言

真言（mantras，又译曼怛罗）作为一种宗教话语，具有移人心神的能力。梵文中的真言源自词语"man"和"tra"，分别翻译为"思考"和"运载工具"。确切地说，真言是思想的载体。那思考是什么呢？思考即思维的活动。在某种意义上，真言可以认为是唤起或推动了思维的活动。

还记得前面我们阐述觉知的性质如镜子时，用了湖与其涟漪的类比吗？在这个比喻中，平静的湖面能反射物象。当湖面出现涟漪时，思想暂时失去其反射性，并向其运动方向弯曲，它会逐渐被吸入其中并自行运动，至于原推力为何物已不重要。我们觉知的运动靠的是我们思想的容纳力，即思维的运动能力和自我转换能力。对我们有意义的话语会将我们的注意力牵引至它们的方向，对我们无意义的话语可能也会吸引或转移我们的注意力，但在我们领悟后它们才会有意义。思想随着声音和它对声音的理解而运动。在本书12个自我发现的框架中，真言指的是把握了顿悟本质的言语，是快速唤起我们对顿悟的记忆并指导我们相应行动和反应的线索。真言对我们帮助极大，它会生成包含个人意义的言语，并以此唤起我们想要记住的东西，例如我们在某些环境中想要表现自己和做出回应的方式。举一个真言的例子："我不必把自己的想法当成现实。"事实上，12个自我发现中的大多数所起的作用和真言一样，提醒你哪些是该去尝试的，哪些是应当克制、远离和不可继续的。

隐喻

隐喻拓展我们的思想，如同概念赋予思想以意义。隐喻和真言一样，对我们来说都是通过帮助我们建立即时联系及理解它们所描述的事物的本质的方式，来概括和描述复杂的想法。整本书我都有意使用隐喻去描述思维的功能和过程，如果不用隐喻，我们可能无法理解这些功能和过程，或者难以将它们转换成我们可明白、可运用的事物。通过使用隐喻去理解某些思维习惯，我们不仅能看清那些因为太接近而被忽视的事物，还能发现自己更抽象、更复杂的想法。隐喻把幽微难察的相互关联和个中关系明确地阐发出来，例如符号与其自身含义之间的联系，或者我们的心理模式与其产生的影响之间的联系。这两个例子都是在无形之物之间找到关联。隐喻使我们能从新的或有利的角度看问题，它的假设性让我们能够与当下事物建立更轻松的联系。隐喻的本质是激发出我们思维的创造力，对联想的规则和惯例加以变通，目的是同时传达多层含义。

隐喻的一个独特之处是能够提纯智慧。我们常常能通过隐喻获得深刻见解，建立新的思维联系，或是发现那些之前即使近在眼前也未曾察觉到的存在，就好比你发现自己的字母汤里软软的字母意面组成了 soup（汤）这个单词，这时你猛地意识到自己正在吃的就是字母汤。隐喻的使用并没有太多的条条框框，因而在隐喻中能发展出思想、词汇、感觉和含义方面的新颖组合与表达。若生活给了我们柠檬，我们就回馈给生活丰富多汁的隐喻。

导图

我们在生活中总得不停地动脑，忙碌中常忘记了自己的身体。虽然我们大脑和身体的职责是向我们提供重要的线索和信号，但我们输入并理解这些线索和信号的能力与察觉它们的能力有关。当我们能更清晰地察觉到那些对我们的身心兼具效价与突显性的存在时，我们的身体就是一套可靠的"导航"系统。它能帮助我们去探查自身感受的意义，以及基于感受采取行动的意义。我们调整并识别自身情绪在心理、生理层面上的呈现方式，这种行为使我们更有可能对自己开启的意义体系和反应序列施加更大的影响。准确解读身体信号的能力会为我们预示将要发生的事，从而为我们更有意识地进行深入思考和理解创造了一个窗口。

如果你从未做过冥想，那你很难做到纯粹地注意，也很难放下任何思想、感觉、感受、情绪或思维活动。我们可能不会注意到自己的觉知何时开了小差，但是经过一段时间的练习，我们就能发现自身意识是何时被"拉"向它自己的活动方向的。比如，我们将逐渐学会在自己意识之流中的所有活动相互混杂、难以分辨时，察觉到两种思想之间的差距或空间。类似地，我们将练习注意身体的信号和感觉，同时脑中想着它们的效价和突显性，其实就是学会把这些线索作为观测自身的指标。借助这些线索，我们能够对将要发生的事产生不断完善的预想，并得出能指引我们重归内在平衡的导图。

让真言、隐喻和导图为你所用

也许今天你已经使用过一些真言，如果是这样，你可能会想着一直遵守一条真言——尽管你可能从来没有这样说过——或者你可以另想一条新的真言。如果你想不出来，就想想什么是你要在生活中真正去做的。也许会是对某些常见情形的全新反应，例如与生活中的某些人（比如你很不喜欢的人）重翻旧账时，你会有怎样不同的处理方式。好好思考这段关系或是与对方往来能达到什么目的，然后，想想为了这个目的你在这段关系中要如何表现。把你对这方面可能会有的任何想法都记在日志中。为了达到想象中呈现的效果，你能想出任何你需要遵从的具体行为或行动吗？换句话说，如果你希望自己与对方之间的来往能帮助自己达成目的，你需要具备什么条件？为了达到这个目的，在你提醒自己要产生不同想法、采取不同行动时，你可能会对自己说些什么？并且在下次你和对方有交集时试着把它用上。此后，思考这些话发挥的作用，以及下次类似情况出现时能采取哪些不同的行动，说不定你就会换种不同的立场或视角。勇于体验你已了解的、能想到的各种选择，例如感知重构或认知重构，即通过自己的觉知或12个自我发现中的一个或多个，将自己的视角引到更多可能的方向。

你可能没想过通过隐喻去审视自己和自己生活的方方面面。隐喻能帮助你从新的角度审视自己，看到自己真实的不同侧面，以及生活中的多种"身份"，这对你是有利的。有没有什么隐喻能够反映出你的本性和你生活中的各类元素呢？萨拉从我们这里得到教练资格证，现已成为众多教练中的一员，她选择太阳作为自己生活的隐喻。当初我们让她想出一个能把她在生活中感知到的各类元素都表现出来的隐喻，她立即想到了自己名为"阳光"的清风房车，这辆房车载着她度过了一个终结婚姻、告别熟悉过往生活的时期，踏上了一条崭新的、未曾走过的路。直至今日，太阳的形象依旧能让萨拉想到那些能带给她快乐和能量（而不是拖累或消耗她）的事物。对她来说，阳光代表着她向宇宙释放的能量，以及她能给他人生活带去的正面影响。后来她还定做了一条太阳形状的银项链，把自己初婚婚戒的钻石镶嵌在项链上，以此来提醒自己身处的境况，让自己铭记这些经历在人生旅途中的重要性。她经常戴着这条项链，待在自己兼作居所与办公室的清风房车里。项目的另一位毕业生选择了以 V 字形队列飞行的鸟群作为自己的隐喻，这表明他决定更多地授权给自己高层团队的成员，并认可其他成员的带头作用。这个富有深意、颇为恰当的隐喻提醒他，领导者不一定是一眼就能被认出的领头羊。领导一个团队，也可以融入其中，协同合作，让所有成员各显其能，轮流引领这个团队。这两个例子是用来让你知道，你能够创造出适合自身的、巧妙的、能提醒自己重要之物的隐喻。隐喻中一般会有一个象征性或视觉性的部分，这样，隐喻就能发挥和思维线索一样的功能。若你想找到你的人生隐喻，下面这几个问题能够帮到你：

- 我希望此生能实现的最高目标是什么？
- 我为实现最高目标所具有的最大天赋和长处是什么？
- 目前我在生活中有多种角色，哪些能帮助我实现自己的最高目标？
- 为了推动我实现目标，我自身的哪些方面或哪些角色应当得到优先利用？
- 以上各要素（如果有的话），哪些是我想要继续保持或调整的，哪些是需要彻底改变的？

如果你有机会去思考和记录这些问题，你就可以看看自己是否会想到什么隐喻或意象。它们可以从视觉层面上描绘或象征性地表达你自身、你的生活或你个人习惯倾向的各个方面，如果象征对应物发生了改变，以上这些方面也势必会改变。你得定期地重新审视自己的隐喻，看它如何或是否经历了变化，甚至可能完全变成另一个隐喻。

身心导图

"导图"的另一层意思是指我们的身心导图，这个架构用于帮助我们看到自己平时没有察觉或难以看到的各个方面。身心导图概述了我们可能会被影响的四个领域，即自我认同、自我表达、社会认同、人际关系，以及它们是如何影响我们的整体幸福感的。首先，我们在理解自己的感知时，身心导图会帮助我们发现自己惯用的心理模式或概念框架，对它们的使用或许是自觉的、主动的，也可能是无意的、习惯性的。其次，这张导图重点突出了我们可能与对自身最重要之物——我们的价值观、信念、动机和行为偏好——相一致或不一致的部分。最后，我们可以利用身心导图了解自身信念、心态的根本成因以及我们的习惯和无意识模式所带来的影响。

身心导图这个概念最初源于我的老师托克帕·图尔库（Tokpa Tulku）的启迪，他带我进行了以同步意识与身体为目标的练习。我们的思维常四处游荡，与身体此时所做之事毫无关系。在这种时候，你可能会把盐加在饮料里而不是盘中的食物上，或是把麦片放冰箱，把牛奶放在橱柜里。我们的生活不断地与自我的某一面或多方面脱节。因此，这个练习的重点是让自己的觉知与身体完全同步。在这个练习中，你要认为自己的思维和身体不是分开的两部分，而是合而为一的身心结合体。类似地，我们可以训练自己的觉知，让它去觉察自身的运行以及它觉察到的内容。在这个练习中，我们要将觉知融入自己的每一个动作、每一句话和每一次感觉中。在进行如刷牙、做饭、喝选定的晨间饮料之类的日常活动时，你要保持觉知与身体同步。关注自己的觉知什么时候偏离了身体，在你发现这一情况的时候，觉知就已经回来了。注意出现的身体感觉。这个练习既包含注意力训练（身心合一为训练核心），也包含训练自己更好地觉知身体感受。

身心导图源于我们所知的 MDBP（Motivational Drivers & Behavioral Preferences，译为"动机驱动因素和行为偏好"）。我最初想让 MDBP 作为一种评估工具，去帮助教练和客户发现他们思维习惯方面虽不明显但很重要的因素（见图 9-1）。多年来，我身为一名教练和人力资源主管，进行过无数的行为评估，用过 360 种辅助工具，然而，这些都没能让我真正了解自己想要了解的学员，我也不奢望客户能真正了解他们自己。所以，我就自己创造了一个可能会实现这些目标的工具。

我们在设计 MDBP 和身心导图时还综合考虑了马斯洛的需求层次结构。在这个结构中，我们对身心导图各领域的需求和预期突出了个人规范，这些规范决定着每一个领域中

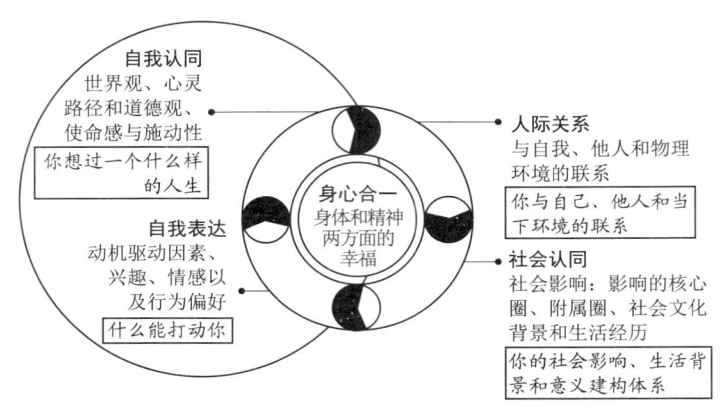

图9-1 身心导图

来源：© Brain Capital LLC.

自我认同
世界观、心灵路径和道德观、使命感与施动性
你想过一个什么样的人生

自我表达
动机驱动因素、兴趣、情感以及行为偏好
什么能打动你

身心合一
身体和精神两方面的幸福

人际关系
与自我、他人和物理环境的联系
你与自己、他人和当下环境的联系

社会认同
社会影响：影响的核心圈、附属圈、社会文化背景和生活经历
你的社会影响、生活背景和意义建构体系

看上去最有利于我们的事物。身心导图所描述的这五个领域不仅塑造并传达出我们现已成为的、还在不断变化的样子，还帮助我们看清自己一直以来用于理解自身生活经验的心理模式。在身心需求得到满足后，我们就能发挥出自己最大的能力，并且有利于我们变强的条件也会持续存在。然而，想要自身需求得到完全满足或全部同时满足，甚至是永久保持这种完美状态，只有在神话里才能实现。举个例子，术语"朔望"（syzygy）指的是一个或多个天体对齐成一列，如太阳和月亮同列（形成新月）或相向（形成满月）。平衡如同朔望，其本质是内外部条件的暂时协调一致为当时创造了合适的环境。我们生活中的一切事物都在不断变化，包括我们

的身心健康、精神状态和我们的感知，这意味着我们为了驾驭自己，必须学会不断处理并有效利用繁多的变量。我们的挑战和机会在于发挥自己的直接影响力，对相关环境施加最大增量和最正面的影响。

人的生理需求通常比其他方面的需求更为紧迫，同时人脑也时刻进行着有利于生理需求的预测和选择活动，因此，更多地参与提升自己整体幸福的实践活动，能让我们为实现全方位的成功有更充分的准备。莉莎·费德曼·巴瑞特在她的书中给出了相当有用的几条意见，例如运动或是换个新环境，一旦我们的情绪或其他方面陷入低谷，失去积极性，这些方法就能引入一系列新的参数，供大脑利用。她提供了许多具体的建议，这就要你自己去探究了。

正如之前所提到的，不管你能否意识到，我们每个人身上都承载着期望。我们管理这些期望的能力取决于我们一开始对它们的觉知。在认识自身期望的过程中，我们需要有意识地审视其内容。许多期望与我们所受到的社会影响有关，而另一些则与我们的习惯有关，它们常常是符合我们自己的行为偏好的。即使我们的基本需求大部分都已得到满足，但只要有期望没有达成，我们就无法积极辨识和正确处理那个期望，这样它很容易就会成为我们脑海中——有时甚至是脑海外——最突出的声音。

身心幸福

身心导图的根本要义在于我们的幸福，即神经科学所说的"身体预算"。我们可以用朔望象征自己的身心健康与达到这个目标所需的能力之间的一致。任何健康状况曾非常糟糕或患过慢性病的人都知道，我们所做的一切都是以自身的整体健康和幸福为基础的。同样，如果大脑受到很强的干扰，我们甚至无法感觉到自己的身体。因此，我们的身心幸福在图中位于中心位置（见图 9-1），而在我们努力向自己的"生命的价值"[①]靠近时，其他四个领域对我们可能是帮助，也可能是拖累。我们也不能指望从自己不定期投入成本的事物上获得什么回报。维持长期平衡很难，即使只在一天之内，我们也可能从各项需求都得到满足的状态，变成一些需求只得到部分满足、勉强满足甚至被透支的状态。长期的消耗和透支，如果还缺少足量足次的对应补充，我们就会累垮。问题是，大多数人没有自己的基准线或身心导图框架，而这些工具能给他们提供洞见和个性化指导，表明影响自身身心幸福的具体元素，比如能影响我们行为动机和偏好的元素，或是调节自己或他人身心幸福时惯用的思维模型。身心

[①] "生命的价值"，原文是 ikigai，这是一个日文词语，指的是我们存在的理由、人生方向或人生目标，在英语中没有完全对应的词。

导图的各领域能让我们发现自己可能处于被消耗或机能"赤字"状态，让我们找到恢复平衡状态所需的补充物，补充的内容包括身体、精神和存在三个方面。设想一下：你会经常思考自己的幸福值吗？你会经常认真地从不同角度思考对自己重要的事物吗？大多数人只想快速得到想要的结果，但人只有一副身躯、一个脑子，所以，我们得时刻注意，尽力为自己创造并维持自身的最佳条件。好比两支蜡烛，我们可能更愿意自己像刚点燃的那支，而不是长期燃烧后即将燃尽的那支。

人际关系

我们的各种关系在满足基本社交需求、构建整体身心幸福方面起到了核心作用，人际关系就展现了这一点。我们可以从不断扩展的邻近关系、关系的影响和作用这几方面进行思考。这些关系的建立对象，包括我们享受与之保持亲密关系的所爱之人，以及我们时常与之来往的人，也包括只有一面之缘或永远无缘相遇的人。我们可能不会想到自己与所处环境的关系，包括我们的居住地、社区和地球上众多的生态圈，但这每一种关系都对我们的生活有着深远的影响。最后，我们所拥有的存在最久远、最容易被忽视的一种关系，是我们与自己的关系。不管你能否看得见、是否关心过，我们拥有的每一种关系都会深切地影响我们的存在结构。一直以来，我们不断体验着这些关系的生成性元素，它们充满生机，但同时我们也体会到，一旦它们出错、陷入困境或彻底失败，我们就会深受其害。

假设你和你的同居伴侣发生争执，因为他总是从中间挤牙膏，可是他不仅不愿改为从底部开始挤，还理直气壮地批评你爱把叉子头朝上放进洗碗机中，这样叉子在里面稳固不动，洗碗机运作时叉齿就会被破坏。再比如，你礼貌地要求自己的伴侣，如果他真想有感情地表达自己的意思，回短信时就不要再只发"好的"两个字。显然，他不会说自己很高兴知道了你的实际感受，而只会告诉你"好的"这个词含义丰富，而且他回"好的"的时候，说的就是"很棒"的意思。又比如，也许你十几岁的孩子对你不满，表达了对你及新冠疫情期间生活的厌恶，而且还突然开始排斥上网课，包括他自己的中学课程。可能就连你曾无比期待的加满红糖和黄油的牛奶麦片，在那一刻都不诱人了，都无法安慰你了。相反，你可能整个身心都沉浸在这些话留给你的印象中——其中可能包含着脏话——更别提这些令人不愉快的互动带给你的感官污染和余波，导致你手心出汗，脸红脖子粗，或是心脏部位出现收紧和压迫的感觉。你可能把全部心思都放在孩子的幸福上，担忧他罢上网课的后果，或是疑惑为何你和你的伴侣同居前从没想过去解决那些问题。在这些时候，或是在我们的关系没有按自己期待的那样发展的时候，我们对自己做的任何事都觉得不舒服，甚至早晨喝下的第一口咖啡都不似以往那般让人愉快无比。这种事每天都会发生，一天可以发生好多次，还不包括我们的关系出现严重问题的情况，不幸的是，这种情况也是避免不了的。比如，我们发现一位同事一直在工作中"递刀"，即在我们背后使坏，暗地里破坏我们的努力，还不知廉耻地盗取我们的工作成果。再比如，我们所爱之人突然离世，而我们却没能来得及做最终告别或是告诉他自己对他的爱。在活着的每一刻，我们都面临着人际关系的烦恼与困境，比这糟的或稍微好点儿的情况都有。它们不断累积，最终伤害到我们。

与此相反，我们在某些时刻也会体验到真实的关心和真诚的联系，得到朋友和所爱之人的爱护、无条件地接受和支持，这些都像温软的药膏，能治愈脆弱的、迫切渴望爱的我们。我们与他人进行的每一次纯粹正向的交流，都会增加我们的整体幸福感。我们会发现，无论自己身处何种境地，总会有一位无形的"管账人"计算着我们的得失，我们也躲不开自己的健康动态损益表带来的后果。既然我们的身心运作要由自己负责，那么我们就有责任弄清楚，自己如何才能最高效地在这个系统中发现并获取价值，而这要从我们对自身经历赋予的意义开始。同时，有各种策略帮助我们抓住行动的恰当时机，一旦我们知道这些策略需要大量的练习，我们就明白，最好马上开始。此外，我们还需要与有意训练一样多的不需训练的方法来整理和重组我们所依赖的概念结构，以实现我们所追求的生活意义。目前我们所要做的，是辨别那些对我们不再有意义的信念和假设，还要整合那些能更好地代表我们的声音。

社会认同

社会认同领域包含各种经历和社会影响，它们形成、决定并影响了我们的感知倾向和认知角度。和人际关系一样，社会的影响通过其相对接近度、权重和我们赋予它的价值来干预我们。就像接种疫苗一样，我们接受了一剂有意义的预防针，它根据我们对各种话题的理解来引导我们的行动，从宇宙的形成到我们人类的出现——上帝、鹳、大爆炸、性或进化——任何话题都包括在内。这种"吸收"意义的过程在我们出生的那一刻就开始了——就在收到自毁任务的细节之后——你看，你已经记不得这个任务了。我们从大量丰富的话题中学到了知识，例如种族、性别、文化、宗教、鬼魂、迷信、物质宇宙，应有尽有，每一次的学习都是绞尽脑汁、不遗余力的。每一次学习都可以比作基础性的军事训练，而在这种情境下更像是大脑的新兵训练营。我们的大脑和感知由我们一生的经历以及自出生以来数不清的信息输入决定，而该过程会持续下去，直到死亡切断我们与它们的联系。我们对事物的感知和解释的习惯，诞生于我们无数的经历、期望、心理模式以及所接收的偏向性叙事中。一直以来，我们都是建构出来的意义的接收者和"产物"，正如我们是天生基因的展示者。从某种意义上说，大脑相当于一个时间胶囊，存放并管理着能够反映社会规范和社会影响的思维方式、解释方法和回应方式。由此，我们会收到大脑发送的在各种情境下的反应方式，这些方式的依据是我们看到的他人所表现出的各种反应模式——基本上对于我们了解到的所有情况，它们都给出了具体的思维方式、解释方式和回应方式。

我们正是从自己的社会认同和人际关系中，获取了最持续、最直接（也是最间接）的信息，这些信息反映出我们被接受的程度，以及我们是否达到了社会标准。很难说明为何有些人有更强烈的责任感，尽力遵守规范，不辜负他人期望,而另一些人貌似对这些条条框框一点儿都不在乎——这里表达不在乎的语言我做了些修饰,免得污言秽语污染了天真者的世界。就这一点来说,人们感受到的存在的重要性体现出两方面的影响,一是我们的基因影响,另一个——你应该猜到了——是我们的社会影响,即我们共有和自有环境的影响。以五大人格特质为例,与它们被视为综合环境影响产物的程度相比,各项特质受遗传的影响程度如下:开放性最高,有61%,外倾性有53%,责任心有44%,神经质性与宜人性同为41%。这意味着,至少对这五种鲜明且已被广泛研究的人格特质来说,我们仍然认为,一个人是否具备这些人格特质,社会影响起着很重要的作用。

先不管我们如何会有想要满足他人期望的念头,就我多年来指导训练他人的经验来看,我发现了一种常见的反向关系——虽说只算个趣事——这种关系存在于人们对他人眼光的在意程度,与自己相对自在和满足的程度之间。人们越是在意他人的眼光,就越难感到满足和自在,虽然他们也常受自身动机驱动因素的影响,不管这些因素是由内部主导的还是由外界主导的(正如我们前面简单探讨过的)。不管你游移在社会抱负或责任心的哪一层——层次划分基于经多次评估的正式衡量标准——自我取悦都很难做到,更不要说同时取悦每个人了。这类似于墨菲定律,肯定存在着某个普遍法则不让两件事同时发生，我已经设法深挖并测试了该理论，这就是我得出上述结论的过程。试图取悦所有人的结果是取悦不了任何人，尤其是你自己的，虽说努力让所有人都不悦也不会成功——当然这个成功如何定义取决于个人——不过让人不悦肯定做起来更简单。

你要弄清楚他人期望在什么样的程度上影响你，以及这种状态对你自身道德的渗透程度有多深，对你来说很有意义也相当重要。只有这样，你才能找到脑海中那些影响着你的声音的源头——你内心的"道德审判官"，这些声音出现在辨识是非的不同情况中。不过你也可能由此去找到自己鼻绳的另一端。你要有意识地让思维习惯引导你专注于自身，但也不能只专注于自己。只有这样，你才能理解这些心理状态的不同，然后找到自己真正的栖居之所。

自我表达

自我表达领域是指一个人如何自然地表达（这个"表达"既有字面意思上的信息表达，也有象征意义上的自我展现）自己的本真，以及自己的情感火花和生活乐趣可能在何处游荡。说到情感火花，你应该可以回想起我们之前详谈过的，这朵火花（或火焰）就像一块用于吸住我们兴趣的磁铁或能选出我们感兴趣的事物的哈利·波特的分院帽，它抓住或激起我们的注意力，排斥让我们感到厌烦的事物。情感火花若能常燃不熄，就有助于实现我们"生命的价值"、使命感和成就感。自我表达还囊括了广涉各种可能性的行为偏好，要知道影响我们行为偏好的因素包括了自身习惯和所处情境，还有我们的基因印迹。比如，我们在节奏快慢上的倾向；我们更常使用字面含义还是修辞含义；比起确定和持续，我们是否更不能容忍模糊和变化——这仅是几个行为偏好的简单例子。自我表达不仅可以展现自我，也能让我们在这个过程中感受到无拘无束的热情。

自我认同

最后要说的领域是自我认同，该领域涉及的事物关系到我们自身的各个方面，比如价值观、精神或宗教信仰等，对我们来说和生命一样亲切、珍贵，不过我们的成长不一定会接触上述所有事物。此外，自我认同领域还包括了使命感和施动性。当自我认同与我们认为最重要的事物达成一致，自身需求和期望得到满足时，便是自我实现的理想状态，也是前面的训练环节与个体转换环节中所说的容纳力与涌现。这个完美的三重奏，实现了我们潜能的终极"朔望"（或者说是最高协同）。

你可能已经发现了，探清自己的意义框架与信念结构其实就是在寻找能够破解自身"密码"的"钥匙"，而这个"密码"就是你解析自己每一刻的意义时所惯用的思维结构。找到影响你自身行为的元素，弄清你与自己的共鸣程度以及对你来说重要的事物，你就能更好地对在自己直接影响范围内的事物展开行动。你的作为或不作为都会给你的生活带来某些结果，并且只有你才能利用这些结果去审视自己的最高目标和内在指引。否则，你就像往夜空中射出了一支箭，永远不知道其最终落地的结果，只留自己茫然无措，毫无收获。

第 10 章
培养基于情绪智力的思维习惯

如果你想要辨别并运用自身现有的习惯、信念和心理模式，但身边缺少一位专业教练帮你进行归类、挑选，区分哪些对你可能是有用或没用的，那么在学习本章介绍的几种相关方法后，前述任务你完全能自己完成了。你需要做的是，结合那些方法，继续你的修养提升之路，对你所知道的或最适用于当下的方法加以利用。第一个方法的核心，在于让你学会使用身心导图来找出自己的习惯或行为一成不变的根源，学会创造改变习惯所需的内部和外部条件。然后，我们的重点是，让自己的心理模式成为显性的，无论是在你有自觉意识时还是在你的无意识中，这些心理模式都会起作用。你的首要任务是找一个日志本或笔记本，记录你在实践这些方法时的观察和想法。

安静！我在追兔子。嘘！

在开始前，你要先选出自己在接下来的几项练习中愿意用的习惯。这可以是你日常的任何一种或几种相关联的习惯，可以是工作中的或生活中的，也可以是两者兼而有之的。你可以选出自己的某种思维习惯，这种习惯的作用主要体现在你如何感知、解释外物并据此采取行动。现在想想：你为什么选了这一种或几种习惯？为什么会在这个时候选了它（们）？接下来，想想你一直保留着这种（或几种）习惯的原因，能想到的都写下来，并想想是否有可能改变这一现状，在改变之路上有哪些阻碍。我会举一个我生活中的例子，帮助你理解。比如，我不知不觉间养成了在地下 6 英尺[①]的地方独自工作的习惯。虽说这没什么新奇的，但它如同一笔"赎金"，可能比它的回报更昂贵。

改变这个习惯时遇到的阻碍：

- 在过去 6 年里，我带领团队成立了一家初创公司，当时没有启动资金——完全没有。虽然我们的小团队必须应对你能想到的最糟糕的境况，这些境况大部分都把我们打了个措手不及，但这个小团队也是强大的，我们设法让自己的公司和一系列的产品服务顺利启航。我们成功地将一家公司从一无所有发展到如今的规模（不只是说公司的实际规模，还有其带来的正面

[①] 1 英尺 ≈ 30.48 厘米。——编者注

影响），这是非常了不起的。

- 在此期间，我担任过许多职位，其中好几个是兼任的：联合创始人、共同所有人、首席执行官、业务开发与销售、主题专家、客户管理与项目交付、首席教育官、项目策划、内容开发和教员。这只是其中一部分。
- 由于新冠疫情，我们和许多企业一样被迫缩减团队规模，以应对当时的商业环境和收入流的变化，在这个过程中，我们失去了几位优秀的团队成员。不过我们也吸取了一些教训，其中一个便是新企业不一定适合每个人。
- 此外，过去 7 个月我在写一本书，同时也在努力做好公司首席执行官和 4 个孩子——2 个已经成年，2 个还未成年——的妈妈。我是家里唯一的经济支柱。
- 对 4 个独立的非营利组织的董事会来说，我是一个积极活跃且不可缺少的存在。
- 目前，我正同 144 位领导者合力完成一项全球领导力培训项目，这些领导者是从全球各地精挑细选出来的，我正为推进项目贡献自己的力量。
- 我得说我有一颗菩萨心，我愿意为了更重要的利益和周围人的幸福做出巨大牺牲。
- 我相信（也知道）干大事不容易。任何一家企业——其资金运转正常——要建立起来，可不是躺着啥也不干就能行的。

- 毫无疑问，我工作很努力。虽然我不把它标榜为自己的荣誉勋章，但是它参与构建了我的自我认同。我出生在一个代代辛劳的工人家庭，家族成员有移民农场工人和自主创业者。如果没有前人辛勤打拼的积累，我就不会有现在的成就，也不会培养出现在的价值观。
- 我在美国公司工作了25年，工作付出是男同事的2倍，挣的钱只有他们的75%，而在各自领域的工作能力上，我比他们中的很多人都更优秀。
- 最后，我发现，劳碌命的人总有一颗劳累的心。

在写下你能想到的放弃某个习惯将会面临的所有挑战后，你要从身心影响的角度来思考一些问题（见图10-1）。

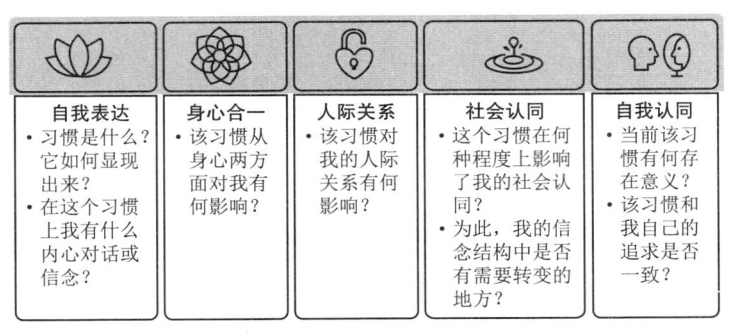

自我表达	身心合一	人际关系	社会认同	自我认同
• 习惯是什么？它如何显现出来？ • 在这个习惯上我有什么内心对话或信念？	• 该习惯从身心两方面对我有何影响？	• 该习惯对我的人际关系有何影响？	• 这个习惯在何种程度上影响了我的社会认同？ • 为此，我的信念结构中是否有需要转变的地方？	• 当前该习惯有何存在意义？ • 该习惯和我自己的追求是否一致？

图 10-1　自身习惯的身心导图

来源：Brain Capital LLC.

身心问题的应对方式

自我表达

这种习惯表现为一次性过度工作与过度担责；没有足够的休息时间来补充体力或睡眠，或是让自己的身体和大脑好好休息。在这件事上我的内心活动是：给谁多，对谁的期望就高。我发过誓要为自己的开悟而努力，并承诺不抛弃任何一个有情感的个体。总的来说，我遭遇的问题复杂而难以解决。如果我不挑起这个担子，谁来挑起呢？话说回来，我要是用过度工作来戕害自己，我的生命也不会长。理智上，我是明白这一点的。我知道过度压榨自己而不休养身心，会让我无法处于最佳状态。我要是把自己这艘负重的"母舰"弄垮了，我还能拿什么去供养小船呢？我的祖父59岁时死于严重的心脏病，他也是一个非常勤奋的人。

身心合一

这个习惯对我的身体健康影响最大。在过去5年里，我的体重暴增，还有三处颈椎椎间盘突出，甚至不得不做了手术，但也只是解决了其中一个。我敢肯定这与我给自己的压力有关，自从我成年后就基本上过着这种高压力的生活，而不是近几年才有的。同样糟糕的是，这么久以来我一直睡眠不足。换句话说，我做的工作能让我快乐，给我带来深切的满足感和愉悦感。

人际关系

我的工作有时会对我的人际关系产生负面影响，主要影响到我与所爱之人的关系，同时也会影响到与同事、团队成员的关系。我需要经常把自己的时间和精力分给他们，但基本上很难做到，这纯粹是因为我的时间和精力根本不够再分给他们了。

社会认同

这算是一个难题，因为我的工作是希望让他人受益，结果我的过度付出却让别人失望了。当然，我的团队把他们对我过度工作的看法告诉了我。这是典型的鞋匠家的孩子：既想要蛋糕，也想要鞋匠的陪伴和鞋子（当然原话不是这样的）。我知道身心透支的道理和影响，但现实中仍劳累过度，最终导致自己和常接触的人之间越来越疏远（如果不是完全无法相处的话）。毫无疑问，这称得上我做过的最困难的工作。相比起来，我做过很多重要的工作，而且我们没用多大力气就实现了不少宏伟目标。

自我认同

这个习惯协助我达到的最终目标是在我力所能及的范围内去帮助别人。项目启动的 3 年来，经过我们这个小团队的卓越努力，已有超过 22 000 人接受了情绪智力培训，并且有来自世界各地的约 200 人获得了情绪智力教练和元教练的资格认证。培训认证项目还包括，我们为 300 多人提供了接受培训的机会，疫情期间，我们还为 25 000 人免费提供能力恢复训练。我们以勤工俭学的资助形式，帮助 15 位教练与我们一起完成他们的教练认证。现如今我们正在进行一项为期 6 个月的领导级别情绪智力培训认证项目，这是我们带领的第二批 30 人医师队伍。我很荣幸能在联合国向全球

6 000多人发表演讲，讨论情绪智力和个人施动性在激发全球影响力方面的作用，以实现可持续发展的目标。我们之前在世界经济论坛上发表了演讲，当时恰逢数字智能日，我们便以此为契机成立了公司。我曾受英国广播公司邀请，做了一个关于情绪智力在人工智能中的作用的演讲。近期又有幸受哥伦比亚副总统的邀请，前去参加了一个由他们独家赞助的、为女性举办的国际活动并发言，该活动吸引了 12 000 名参与者。毕竟，我们公司的使命是让情绪智力能有所用并深入人心，并且我可以自信满满地说，我们为此已经全力以赴。

它对我来说有什么好处？我爱这份工作，我愿意把它分享给其他人，让他们了解这份工作，我也喜欢把它应用到自己的生活中。毫无疑问，我做的是我喜欢的工作，并且我现在的生活与我的心灵之路及我最珍惜的事物正好一致。

现在该说说你了

如果有机会回顾刚刚写下的东西，你可以看看自己初步确定的挑战清单，里面可能恰巧就包括那些阻碍你改变这个习惯的事物。接下来看看出现身心问题时你的应对方式。你笔记中的每一个相关问题是否都显示出这个习惯很难改变的原因？在你列出的那些障碍中，是否有你在身心问题的应对方式中出现过的项目？在这个过程中，你试试能不能找到自己显现出来的任何信念或心理模式。要是你认为自己发现了一个，圈出来，因为在下一章更深入地探讨心理模式时你会用得上。我自己在反思过度工作的习惯时，就用斜线把这些要素标出来了。

在使用这些工具分析完你自己的某一个习惯后，如果你想改变这个习惯，哪些是你需要做出改变的，哪些可以保留，你有什么想法吗？你需要做的对内、对外两方面的调整有哪些？这可能是你在反思某个习惯或总体习惯时当即就想决定下来的事。如果是这样，你可以另外找个时间从这里继续，或是直接顺着下一节的内容继续，而这也把我们带到了本项练习的第二部分：改变一个习惯所需的理想条件。

为改变习惯创造合适的内外部条件

当努力改变一种行为或习惯时，我们一般不会注意到，内外部条件的整合创造出了能让习惯一直保持的环境。其结果就是，你忽略的那部分会继续为该习惯提供发展的条件。我们最终可能会放弃改变习惯，因为对那些似乎在联手阻碍我们的因素，我们不知道还能怎么办。这一节内容紧接着上一节，教你如何把当下的内外环境中的阻碍找出来，以及如何处理这两种类型的阻碍。

把你一直在这个练习上的日志拿出来，在你要写笔记的那一页中间画一条竖线，在左边区域的最上边写上"外部条件"或"外部环境"，右边同样位置写上"内部条件"或"内部环境"。然后，回顾你在前一节中发现的、与你目前正在处理的习惯相关的各种阻碍，写下你觉得与外部条件相关的阻碍（其实就是你的外部环境）。至于剩下的，把其中你觉得与内部条件有关的阻碍写下来，可以是你的想法、感觉、情绪、期望、信念等。你要尽可能详细地把这些阻碍划分到外部和内部两种条件之下。

现在回头看我们要分析的例子。以我为例，这里我对外部条件和外部环境做了个简单总结：

- 我的生活已经忙得不可开交，除此之外，我还要扛起许多工作，有太多的事需要我去做。
- 外部环境其实挺考验人的。我们这个团队并不大，还一直在尝试增加那些连大企业都不好解决的收入流。最后，在没有理想的组织结构、融资或团队规模的情况下，我们一直在努力实现全球范围内的利益最大化。

- 和别人一样，我也有自己的经济压力，这着实让人喘不过气。

从内部条件和内部环境角度看：

- 我的自我认同和社会认同的主要内容，是我相信自己此生必得有所贡献，对此我有条件，也有动机。
- 我非常尊重父母双方家族的祖辈，也理解他们经历过的生活磨难。我想我不能辜负他们的辛勤努力。我延续了他们沉甸甸的希望和梦想，尤其是那些还没有实现的。
- 我的信仰启发并指导着我的行动。我以我所信的神明立誓，我要为释放自我而努力，并承诺同时会坚守以下目标和愿景：不放弃任何一个生灵。这是一项艰巨的工作，尤其是当我自己也处于困惑中时。
- 在我的观念里，辛苦工作并非坏事，反而是一个人不可缺少的东西。若奋斗不是为了更好的自己、更好的世界，那是为了什么？既然拥有这副身躯和这颗心灵，要是不好好利用它们造福世人，还有何意义？我有这样的天赋和内部环境，有些人一辈子都求不到这么好的条件，要是不加以利用而白白浪费，自己都会感到没有全力以赴，这是多大的浪费？天知道怎么会有这样的天时、地利、人和，让我能有这些宝贵的机会；天知道我还会不会再碰上这些好境况。

- 虽然我们每个人都有巨大的潜力，但能表现和发挥出来的是有限的，这取决于我们如何理解自己活在这个世界上的目的以及对自身所处环境的应对方式。谁能想到我的外祖母哈丽特是对的？虽然我们潜力无限，但这一生我们能实现并结出硕果的潜力是有限的，这是事实。

- 谢天谢地，我还知道，没有身心健康，我们不可能达到自己的最佳状态，而且最佳状态还取决于我们的福祉、信仰和心理模式是否能协同一致，相互支持。因此，我需要优先考虑的是，确保这辈子"借给"我用的这副躯体尽可能长久地处于最佳工作状态。

我的见解与收获：

- 形成这个习惯后，我能做的就是，提醒自己不能累死或累垮了，因为这两种结果都会让我不能再造福他人（或我自己）了。
- 我最近从一个朋友那儿听来一句印度谚语："如果水

能着火，它的火要用什么来浇灭？"若药物无法治病，那用什么来治？

谁想得到一个简单的习惯也能牵扯这么多？希望现在你们能明白为什么习惯和行为的改变并不是单一维度的事情。想象一下，有的人觉得要改变一种习惯只用改变我们生活中发生在外界的事物就行，这些人可能会迅速陷入一种类似于重新布置着火房屋内的家具的误区——这是借用我另一个好朋友的说法。如果我们尽可能多花时间去了解引发感知的内在条件，以及感知所引发的解释活动和回应行为，我们就能够弄清身心问题与习惯之间的真相，而不是只知道一小部分抓住我们注意力的表象。

在完成这项练习后，你可以像我那样，总结或反思自己感知到的外部和内部条件，或者先记录自己的所感所想，然后再总结反思。完成这一步后，回顾自己写下的每一项内容。首先回顾的，是你在身心各领域发现的改变习惯的障碍，以及最后这个确定当下内外部条件的练习。看看你能否注意到存在于自己思想、信仰、观念或思维习惯中的任何模式，这些模式在有用和帮倒忙的时候都与12个自我发现有关联或有相似之处。我的例子你可以随便拿去用，就当作起步练习。正所谓当局者迷，旁观者清，看清别人的人生总是更容易。如果你拿自己的习惯重复这项练习，等次数够了，很快你就会发现你在生活中的哪部分完全暴露了自己。我们常常是心口如一的，为了听明白话中的意思，我们只需要通过正确的角度，听到人们希望我们听到的。这种含义可能不总是直接传达出来，它更像某种概念，也可以用日语单词"komorebi"来描述。komorebi 的意思是：看到透过树叶散落的阳光。我们能够发现经过自己多方面过滤之后的含义，这些方面包括我们的思想、观念和信仰，我不确定有没有术语能够传达出与这种能力相关的情绪，但这正是我们在学习倾听与观察时要练习的方面。在这个过程中，我们也在练习激活自身的内在向导，这其实就是对我们内在智慧的另一种叫法。享受这个探索的过程吧！我敢肯定，在尝试了解你的得失背后的丰富意义时，有足够多的东西可供你细细思考。

处理自己的外界阻碍

本书前面提到过，不少出色的资料库和图书提供了一些策略，通过调整外界环境来改变不良习惯，例如詹姆斯·克利尔（James Clear）的《掌控习惯》，这本书向读者介绍了习惯回路，这个回路让我们可以消解一些触机，这些触机大部分出现在潜意识层面的欲望和对习惯的惯性反应发生之前，同时这个回路也消解了我们的行为带来的满足感和奖励感。克利尔很厉害，他为读者提供的在习惯方面"破旧立新"的方法清晰明确，这种方法遵循了行为改变的四种规律。要是你还没有开始学习相关知识，一定要好好研究这些资源，包括本节内容。我也会给你提供一些建议，帮助你应对自身的外部环境，创造有利于习惯改变的条件。但不容忽视的事实是，你试图重置自身环境，在各触机被触发时准备好自己期望的反应，以这种方式来解决问题，是和你执行这些活动的内心能力挂钩的，并且执行的次数不是一次两次，而是长久地坚持下去，这也是你自身觉知的一项机能。也就是说，在你有意为之的事情成为一种习惯之前，根据习惯的定义，这件事都需要你的最低可行性注意值（minimum viable attention，简写为 MVA）。基本上，我们是由于无意识地对自身环境中的触机做出反应而形成了各种习惯，除非我们对这些触机本身有一定程度的有意识觉知。这就是为什么在尝试有意图地建立一个新习惯或打破一个旧习惯时，先决条件一般都是我们自己的觉知。克利尔在他书中写到这一现象时也说明了这一点："我们对这些触机的反应实在是太过程序化，以至于感到这股行动的冲劲儿似乎来得莫名其妙。因此，我们必须有意识地开始行为的改变。"这正是为什么这本书不仅关注了可见触机，还更多地关注了感知本身的无形触机，以及我们的大脑根据内外部条件而启动的意义理解和行动序列。

要注意，习惯改变不仅仅是把放在兼作床头柜的冰箱里的莫德洛啤酒拿走，或是把围在床边的多力多滋玉米片和太妃糖收拾走这般简单，而是一种比这更根本性的事情——当然，你要是只想在深夜看电视时少喝酒和少吃美味的垃圾食品，那你直接把这些东西拿走就行了。但我们想在更加微妙的心理触机方面找出我们的执迷之物，比如情绪的效价和突显性，在本节案例中就是指我们内心想要快速进入奖励阶段的渴望和冲动。然而，即便我们认为找到了一个习惯的根本成因或促发因素，也总是处于一种必须找出触机的处境，无论是外部的还是内部的。有意识的觉知是推翻我们对触机的习惯性反应的必要条件，而且该条件不能是一次性的，必须是持续具备的。我们在形成自己想要的触机时要有规划，要有意为之。由于我们的大脑在不断地预测和评估环境，同时还要启动内外环境中的触机所对应的意义理解和行动序列，因此我们得保持警觉，并时刻准备着。为此，我们需要训练自己对每个领域中出现的触机的察觉力，这些触机可不会乖乖待着等你。

运用精益管理方法

精益管理原则使用的策略是,利用内外部条件来影响特定结果,该方法是相当优秀的。然而,我们一般不会想到利用精益管理原则去发现或发挥我们思维过程中的内在价值,该价值可以改变我们自身的行为和习惯。但这些原则完全可以这么用。前面说过,使用感知价值流程图能让你对自己努力观察的事物有更清晰的认识或形成建设性的观点。例如,你可以通过使用感知价值流程图,从一个更客观的视角去看某个习惯的内外部动态。选一张 A4 纸(或按个人喜好选择纸张大小),从右边开始,画自己的感知价值流程图,然后,经过接下来的每一个步骤,直到抵达习惯这一点。在这个过程中,你可能会察觉到自己的内心对话,跟着内心对话走,同时标出自己的每一步。

"五问法"和 RCCM(root cause countermeasure,译为"根本原因评估与对策制定")也属于精益管理的工具,这两个工具可以很透彻地揭示一个习惯的某个或多个方面的核心要素,比如该习惯的用处或根本成因。在使用"五问法"时,我们可以问一个有助于找出某事发生或事态发展的根源的问题。举个例子,问题一:我为什么压榨自己过度工作?回答一:工作过度是因为我有太多事要处理。根据对第一个问题的回答，抛出问题二：为什么事情这么多？回答二：事情多是因为我给出的承诺太多。然后再把这个回答转为问题三：为什么给出这么多承诺？回答三：因为我相信一个人得到的越多，期望的就越多。在这个例子中，我们在众多信念中找到了我旧习难改的核心原因，这和前面通过身心导图得到的结果一样。我们可以通过五轮问答，得出"根本原因"。根据之前我给出的自己为何长期过度工作的例子，我们可以发现，某个习惯背后的根本原因以及相关的促成因素可能不止一个。如果你觉得自己找出的原因确实是根源而非表面现象，我们就要接着完成RCCM剩下的步骤：

步骤1：是不是所有的原因都是一种表面现象，实际上是由某个过程或更大的生态系统造成的？如果你只是解决表面现象，可能并没有触及背后的根源，所以将这两者区别开来很重要。

步骤2：这些根本原因若非真正根源，或是无法起作用，它们能被彻底消除吗？

步骤3：在那些你确定可以起作用的根本原因或促成因素中，是否有需要进一步分析其可行性的因素？如果有，先确定这些因素的相对可行性，再进行下一个步骤。

步骤 4：有些根本原因和促成因素通过可靠的对策是可以处理的，在这种情况下，你就要阐明采取措施的具体步骤，并确定这些措施如何起作用。一直以来，SMART 原则（明确具体、可衡量、可实现、与目标相关和有达成时限）下的目标便是以这一点为确立依据的。

如果拿我的案例来走一遍 RCCM 流程，那这个分析可能会比较快。如果我不愿意改变或放弃在"五问法"中确定的信念，以及其他所有把我束缚在某个自毁习惯中的信念，那这场讨论就不用继续了。为什么？因为如果我不愿意改变这种信念或做出一些改善，就更谈不上采取行动了。也就是说，我的计算机和手机得从我面前拿开，网也不能让我上，但这不过是权宜之计，治标不治本。如果我这样做，大量的工作就会被积压，犹如沉重的黑暗使我窒息。另一种选择是减少我参与的事务，但这也不过是拿缓兵之计去撼动一个根深蒂固的原因——该案例中，我的信念是我应尽责参与并发挥能力，做出自己的贡献。所以，病症并不是出在外部环境上，虽说我所处环境中的触机肯定会让情况更糟糕，但本质问题出在内部环境上。

如果我愿意承认这一点，并愿意用其他信念来抗衡或抵消我这个善意信念带来的负面影响，那就值得一试。如果我决定这样做，那我的 RCCM 可能会确立某个信念——在本案例中，是对消耗及必要恢复的科学训练——用以抗衡那些会拖累我的信念，这样我就可以确定一个 SMART 目标。如果我发现我因为自己的信念或环境触机触发的无益反应而受到影响，这个目标就可以用上一个真言、一个隐喻或 12 个自我发现中的一种或几种，以及与自己觉知相关的多种感知立场。最后一种选择类似于对奖励感受进行逆向工程分解，而不是通过可能产生痛苦的途径，感知价值流程图在这里也能用得上。

使用感知价值流程图、"五问法"、RCCM 和我们即将了解的精益管理实践的好处在于，这些工具的结合使用能很好地帮助我们深入了解一种习惯倾向，这种习惯倾向要么是我们很难做到远离它，要么就是搞不懂该习惯倾向为何摆脱不掉。你可以很容易地从探索自身习惯转换为探索具体的心理模式、信念或期望。在这个过程中，唯一不容易实现的，是你要更深入地看清让自己有如此习惯的原因，从而从根源上使该现象有所减弱。

波卡纠偏

另一个要介绍给你们的精益流程管理方法叫作波卡纠

偏，这个术语来自日语，意思是"万无一失"（傻瓜模式）。还记得在20世纪80年代，微波炉即使开着门也不熄火吗？在某个时刻，有人在某处想："哎呀，这太危险了！"于是颁布了一项法令："运行中的微波炉一旦打开门，就不能再继续加热。"这项"万无一失"的战略，为全球微波炉的性能和卓越性设定了新的标准。现在继续来说习惯。要对自己试图改变的习惯或行为进行纠偏，你可能会怎么做？它是一个或多个外部或内部障碍导致的吗？我会举一个自己的例子，但我得说，在这个例子中，我操控了外部环境，以"熔断"自己的一个基本无意识的习惯，使之不表现出来，这个习惯并不是很复杂或难以处理。我分享这个例子主要是想把内容讲清楚。我有一个习惯，就是半夜醒来的时候会伸手拿手机（我的手机就在旁边床头柜上充电），而早上醒了，我也会经常先拿起手机，查看电子邮件，浏览社交软件，看看世界上其他人都在忙什么，看看有没有人在我睡觉的时候找我。我并不太喜欢这样，我想这种现象意味着那些手机设计者成功地实现了让人上瘾。所以，我决定晚上把手机放在卧室外面充电。这就是一个对习惯进行纠偏的实例。该案例所遵循的，正是詹姆斯在他的书中提到的熔断坏习惯、创建新习惯的内容所体现的一般原则。该原则包括使用詹姆斯所说的行为改变四大定律，这是一套处理习惯回路四部分的相当出色的方法。看看你选择要改变的习惯,其中是否有你能进行纠偏的?我们所能实现的终极纠偏(其对象包括我们的情绪),是通过自己的觉知实现的。当让觉知完全只以自身为理解对象时,我们在当下感知任何其他事物时出现的典型难题,觉知都能解决。为什么?因为觉知本身是非概念性的,以非概念性面向非概念性,剩下的就是其自然属性了。即使这些非概念性的过程极为短暂,我们的觉知都不再是在概念性模式中运作了,相反,我们可以说是在心理的非概念性方面进行训练。正是我们的心理叙述、阐释、评判和意义建构,将非概念性的事物概念化,这是我们最熟悉、最舒适的心理活动区域。

我分享的这些方法用于审视和研究我们的习惯和行为,帮助我们发现习惯中的核心内容、不利方面,以及习惯对我们自己和他人造成的影响。只有在审视习惯的深层根源后,我们才会更清楚自己面对的是什么,以及自己是否有足够的动力去改变这个习惯。我们通常会继续做自己已经习惯的事,可能是因为改变这个习惯的好处不太大,或者是这种好处还没有被完全概念化。也就是说,我们对保持这个习惯的兴趣超过了我们对其替代物的兴趣。相比继续做自己习惯的事,花时间费脑子去推翻保持现状的条件一般都会更难。在这个过程中,我们可能会忽视某些关键信息,这些信息本身或和其他驱动因素一起促使我们想要做出改变。在这一部分，我们可以弄清楚是什么驱动着我们。不要忘记，这些工具不仅能改变你的习惯，还能让你了解自己对现实的感知是如何影响你的行事结果和心理状态的。你不需要为了使用这些方法而去"有"一个想要改变的习惯。不过，你还是得有一种更有自主意识、更有意向的对生活的品味，不然你对实践这些方法都提不起兴趣。你要是已经把这本书读到这儿了，可以说你对此的兴趣很充足了——实际上，你已经渐入佳境了！

处理内心障碍

在前面对我的案例的分析中，我们发现，应对内心障碍最好的方法之一，是发现你现在在这方面是什么状况或对此持什么态度，以及其中与某个需求、某个预期、某种价值观或某个理想之间可能有的关联方式。包括我们所有的习惯和行为方式在内，我们的行动通常是为了实现某种目的，有时这种目的会对自己或他人起反作用，甚至产生伤害，这就是提醒我们该有所改变的线索。无论如何，我们必须首先明白这种习惯或行为得以持续的条件。鉴于在评估内外部条件对改变习惯的影响时，你已经学到了一些方法可以识别自己的立场，现在，我们把重点转向另一些你可以在身心导图框架下使用的方法。

揭示自己的心理模式

接下来要探讨的几种方法，是通过身心导图揭示在思想、信念、态度或心理模式方面可能会造成阻碍的某些定式。首先来说一下"心理模式"的定义。心理模式可以是一个概念框架，也可以是一系列信念或概念，我们在前意识、无意识以及有时是有意识的状态下会将之用于理解自己的感知。正如我们整本书都在说的，我们需要对自己遇到的各式各样的情形做出身心两方面的反应，并且依据情况有所行动。在前意识意义建构层次上，大脑根据我们的特定环境，预测并解释其需要采取的行动内容和方式，让我们的需求得到最好的满足。无论好坏，该过程我们都很难进行干预。不过，我们能有意识地参与的是在这之后的自身感知处理。到目前为止，本书已经介绍了至少四种不同方法用于理解你对事物的影响：感知价值流程图、感知+解释=自己的现实、"你有什么样的影响力"的自我发现以及觉知矩阵。如果选择让万事各行其是或由习惯主导（这两种最轻松、最不费力），我们的心理模式就会继续在我们对自身经历的解释与理解上无意识地产生偏差，并且不会改变。如果我们积极发挥自己的影响力，那我们不仅需要探清自己的心理模式，还得决定这些心理模式是值得保留还是要做改进提升。

一种心理模式可以包含多个信念，而且一般都与我们拥有的其他信念相关联，要么是处于同一个概念范畴，要么是相互关联的信念集群。也就是说，我们的心理模式可能经常彼此不一致且程度不同。有时，心理模式会不一致并导致我们紧张。我们使用的心理模式不仅来自我们的经历，还源于我们在类似情形中学会的反应方式。该过程并不是孤立进行的。我们基于自身所处的特定情境给出反应，即使我们会以自己的一些信念作为绝对立场，但由于情境的不同，这些信念也可能不会每次都被用上。举个例子，我对永恒的因果法则有着绝对信念，但要是让我选择，是撞上突然出现在路上的鹿之后把车子急拐出道以保证自己安全，还是冒着和对面来车撞个正着的风险换道绕开鹿，我应该是会选择撞倒鹿的，即使我相信因果报应且不愿杀生。这个例子只是为了说明，我们的信仰和价值观一样，可能代表着我们的哲学或伦理上的态度，但这些信念是志向性或假想性的，只有在某种具体情境下，我们才会选择是否运用它。不然的话，我们的自主神经系统在我们有自主意向性的反应之前就启动了。

正如我们所见，我们的信念在很大程度上是由我们的社会影响和自身经历决定的，这些经历又在不知不觉间强化了那些心理模式。我们倾向于依靠从别人那里学来的东西并观察我们周围人的举止行为。我们的心理模式经常代表着我们认为真实、正确的事物。此外，这些心理模式每运用一次都会得到强化，比如我们以某些方式去联结反复出现的想法、感觉和感受以及我们对这些活动赋予的意义。然而，从另一个角度来看，我们的信仰不过就是些想法和概念，我们也知道自己对这些不一定全信。同样，我们自己能够决定，是继续坚持自己所相信的，还是改变对我们来说已经落后或不再适用的信念。在我们主动意识到自己所信为何物之前，我们的信念一直是隐藏的，如同我们自身觉知的存在一样。我们的信念和心理模式并不是一种自觉向善的力量，而是未经我们意识的准许，甚至在我们不知情的情况下，潜移默化地影响着我们。我们只是理所当然地认为事情本就如此，无法从另一个更有利的角度去审视自己所信的真相。只要潜意识信念处于主导地位，我们基本就看不到不同的存在方式和解释感知的方式，而这些可能会给我们自身、其他人和这个星球带来更多好处。

在这些情况中，可以说我们是被束缚在了自身的视野中，这表明了我们思维的僵化、固化。一位自认为了解一切的专业人士或一位"万事通"先生接收不了额外的知识，类似地，一个故步自封的头脑无法产生变通的思维。放任自己的信念肆意生长，不加审视，等同于放弃我们自己的施动性。我们对自己未能意识到的事物是无法掌控的。我们从觉知矩阵了解到，有很多东西没有进入我们有意识觉知的范围内。所以，虽然我们确实可以不用调动有意识觉知就能做很多事情，实现很多重要功能，但如果没有这样做的目标或想法，我们就不能有意向地做任何事。虽说我们需要不断练习才能让自己随时想起利用自身的心理施动性去转换视角，但这样做的价值在于使我们熟悉自身心理，这一点相当值得我们投入时间和精力。

提升情绪粒度可以让我们更精准地定位并表达自己的感受，与此类似，揭示自己的心理模式能让我们看清自己是如何习惯性地理解感知并对这些感知做出回应的。既然我已经大致讲了熟悉自身信念和心理模式的必要性，现在该实践一下了。

别让手指遮住太阳

要揭示自己的心理模式，首先要揭开那些我们想问的问题的答案。但由于我们不清楚自己的知识盲区有哪些，而且可能还找不到别人来帮助我们分析自己的见解，因此我会给出一组相关问题，让你联系身心导图的各领域进行思考。从你的社会认同开始，重点标记出你会继续探索的心理模式或信念，探索方法包括前文提到的以及接下来的实践练习。在思考这些问题时，你要把自己的回答记下来。

· 影响的核心圈

你的信念与你所影响的核心圈的人的信念有何异同？有什么真言或隐喻和那些信念最贴合？

· 亲和圈

确定你的亲和圈或同类人群。此番选择是有意为之的吗？无论是或不是，原因是什么？这些圈子对你是否有益？程度如何？为何会有这些影响？

· 社会文化背景

你传承的主要思想、心态和信念是什么？时至今日，这些意义建构传统以何种方式影响着你？程度有多深？它们在多大程度上反映出了那些成文或不成文的规范或规则？

· 生活经历

回想一下目前为止你生活中的关键经历。这是些什么经历？你从中有什么收获？这些经历在多大程度上定义了你自己？它们如何影响了你的自我感知？对你的名声（或者说别人对你的评价）又有何影响？

人际关系

现在，思考一下人际关系带给你的影响，以及它们在什么程度上有利于或损害了你的整体身心协调和幸福。

- 与自我的联系

你如何描述与自己的关系？在最优到次优的区间内，这种关系处在哪一级？在什么程度上你把自己放在最后一位？

- 与他人的联系

你觉得自己和最亲近的人之间的关系是什么样的？你们之间的共鸣点或不和谐因素有哪些？你在什么程度上考虑那些你不认识的人的幸福？

- 与周围环境的联系

你觉得你和当下环境的关系如何？有哪些特点？在有利和不利的区间内，你与周围环境和身边人的关系更靠近这个区间的哪一端？

・与地球的联系

你觉得自己和地球的关系是否深切？是否认同这种关系对你过上轻松健康、富足安乐的生活有着多方面的积极作用？为了让自己继续享有优越的生活条件又不破坏地球，你有何行动？

自我认同

一个人的自我认同包括信念、理想和价值观，这些东西对你来说最为重要，是你自己有意选择的结果，也是社会影响你的结果。在思考下列问题时，试着评估一下你目前的生活与这些问题的一致程度。

・世界观

如果用一两句话来概括你的世界观，你的世界观会如何阐释你的信仰和人生观？

・心灵路径

有没有宗教、心灵或哲学方面的观点引导你的信念和行动？如果有，其中主要的信条或原则是什么？你又是如何将其融入自己的日常生活中的？

- 使命感与施动性

你是否已经确定了自己的人生目标、最高志向或身后传承之物？如果已确定，请描述出来。你是否相信自己能掌控生活？如果相信，说说为什么；如果不相信，你觉得是什么导致了你的人生结果？

- 价值观与道德观

你最亲近、最珍视的价值观是什么？尝试把你想到的价值观浓缩到你最喜欢的五个，确保你明白它们的意义。你的生活所遵循的三个主要道德观点或原则是什么？为什么选择这三个？

自我表达

自我表达，就是对真实自己的最一致的表达。评估这种一致的程度，典型问题包括你如何感知自己以及他人如何感知你（或你的外在评价）。

- 动机驱动因素

是什么促使你形成现有的行事方式的？你做的事是出于何种原因？你能每天起床、继续自己生活的动力是什么？找出这些驱动因素，尽量精简为最核心的三个。

· 行为偏好

你觉得你的哪些行为偏好是最佳"盟友"、最强优势或最棒天赋？又有哪些行为偏好妨碍了你？这会不会是因为你对自身的优势要么过度使用，要么没能充分发挥？

· 情感火花

点燃你情感火花的是什么？在你的人生中，有什么是你如此热爱，以至你根本无法与之割舍的事物？为了"点燃"对你来说意义非凡的重要事物，你有何行动？

· 无常且不完美

真实的你，有什么样的具体呈现？与你相伴，别人有怎样的体验？别人陪伴你时，你感觉如何？你以何种方式真实地表达自己？在表达时，你有何隐瞒？为何隐瞒？

身心合一

我们的自我认同和社会认同紧密相连，且两者相互影响、相互强化，我们的自我认同与自我表达之间也有类似的紧密联系。如果我们能表达和呈现出对自己来说最重要的东西，不仅能给我们带来愉悦和意义，还能充实我们生命的价值，增强我们的使命感，提升我们的幸福感。最后，如果我们能让身边人和当下环境都对自己有利，那我们就能在这样的环境中展现自己真实的一面，自己的不完美也都能被接受，这种世界观在源自日本的概念"侘寂"（wabi-sabi）中得到了最好的总结。我们常常认为自己要达到一种难以企及的完美状态，但实际上，如果我们能开放地觉知，心怀温柔地拥有那些珍贵而又令人心碎的事物，就完全够了。

回顾你对关于自身影响力各领域的问题的回答，通过它们，把影响力各领域对你整体的身心幸福可能具有的增强或削减作用的方式整理出来。在思考下述问题时，问问自己，你的社会影响力各领域在多大程度上帮助你创造了有利于自己发展的条件，或者在多大程度上阻碍了你充分发挥自己的潜力。

- 自我认同

你现在的生活是否与你最看重的和对你最重要的事物一致？

- 自我表达

你的自我表达是不是对你的自我认同的最高层次表达？

- 人际关系

你与自己、他人、周围环境以及这个世界的关系，有没有很好地满足你对沟通的需求，提升自己的幸福感？

- 社会认同

你的影响核心圈、亲和圈、社会文化背景和生活经历是提升还是削弱了你的幸福感?

心理模式、态度和信念的影响力

最后一个用到身心导图的方法,是探索我们的心理模式、态度和信念对各个领域和我们整体幸福感的影响,这就好比通过身心导图去发现是什么在对我们的习惯起作用。这种方法是通过下述一系列问题,让我们探索自己的任意一种心理模式、态度或信念。你觉得有哪些该问而没有问的问题,也可以加上。

- 自我表达

我现在的心理模式、态度或信念是什么?它们是如何表现出来的?

我所拥有的内在对话、态度、经历或行为偏好,有哪些对我现有的心理模式或信念是有益的?

- 身心幸福

现有的心理模式、态度或信念是如何影响我的身心的?

- 人际关系

现有的心理模式、态度或信念是如何影响我的人际关系的？

- 社会认同

现有的心理模式、态度或信念在哪些方面符合我对自己或他人的期望，以及他人对我的期望？

现有的心理模式、态度或信念，对我、他人以及这个星球是好还是坏？

- 自我认同

这些心理模式、态度或信念当下的存在是为了什么？

这些心理模式、态度或信念是否与我追求的相一致？

以这些问题作为引导，你可以选择任何主题，然后将其放在这组身心问题的行列中。要想充分发挥自己的潜力，并通过选择对自身感知的解释方式来发挥自己的影响力，就必须重视我们用于理解自身现实的机制。装睡的人是叫不醒的，我们必须自己想醒来。这些能力是无法自动实现的。

第 11 章
重新理解和应用情绪智力

重新想象情绪智力首先需要对其本质给出定义。情绪智力这个概念从创立之初就不是指某个单一结构的事物，它既不是特定的单一形式，也不是大脑内的某种特定神经回路。可以说，情绪智力包含了多种能力、技巧以及我们用来探查、解释并回应自身和他人情绪的方法，它能让我们更好地了解情绪对自己和他人产生何种影响。我们可以把情绪智力看作一个概念框架和一套方法，坚持练习并加以应用，我们就能形成具有情绪智力的习惯、行为，并得到相应的结果。既然情绪智力一直以来的定义是无论我们面对的是他人还是自己的情绪，都能保持相同的应对水准，那么它也要求我们应对时要有更开阔的视野。我认为我们离不开本书介绍过的以及其他新的能力、技巧和方法。

　　这里说的其实是范式上的转变，即关注重点不再是我们的情绪，而是将我们对情绪的体验置于大脑的感知与意义建构机制这种更宽泛的背景下。就像自我觉知描述的是我们在觉知方面的相关立场，情绪则是对我们的感知方式及感官线索和信号的特定表达。毫无疑问，情绪深植于人类体验中，但它只是我们感知并与当下体验联结的许多主要指标之一。因此，理想情况下，我们要学会的不仅是与自身和他人的情绪进行联结，还要学会与感知建立联结。要做到这一点，我们需要更全面地了解感知本身，以及每个人都能做到的、更巧妙地与自己和他人的感知建立联结的机制。正好，这方面内容贯穿全书，让我们来回顾一下。

大脑中的目标与结果

我对情绪智力中那些无法付诸实践的定义不是很感兴趣，对感知也是如此。任何事物想要学以致用并在自身体现出来，我们不仅需要具备相应的能力，还要有可观察到的结果，这就要求我们清楚地说明自己的训练内容、训练方式和训练表现。为什么要把熟悉自身觉知作为我们与自己和他人的感知建立联结的主要途径？以下是主要原因：

- 带着有意识的觉知展开行动，并超越日常生活中被动、无意识的方式，运用自身觉知的各种形态，保持对自己影响力的觉察，而不只是对线索做出习惯性反应。
- 联结并理解自身体验，超越我们对现实的主客二元认知，从而掌握认识与存在的不同特性，同时采用一种开放灵活、有觉知的视角，而不是局限于我们一直使用的几种习惯性立场。

- 在自己能施加影响的方面展开行动且不受环境束缚，从自身的觉知和感知立场出发来决定我们对感知的解释方式。
- 培养自身的天然特性和对自我的诚实表达，不仅能使我们自己和他人受益，还能让我们在人际关系中游刃有余，更好地表达对他人的爱意、关怀和认同，并接受他人的爱意和关怀。
- 为自己和他人的幸福创造条件，同时让自己的生活与对自己最重要的事保持一致。

虽然这里没有列出所有让你可能想要训练自己觉知能力的原因（那可列不完），但我也想不出太多在这些结果中没有考虑到的因素。我并不是说只有严格按照训练来，这些结果才能达成，只是说在变量方面主动作为而不是听天由命，对我们来说会更有利。如果我们训练对内在自我有直接影响力的方面，把它当作影响我们最终结果的一种手段，那么我们不仅打开了发掘当下潜能的可能性，还大大增加了发挥自己觉知涌现力的内在智慧的机会（见图11-1），也就是说，我们自身觉知的性质显现了出来。

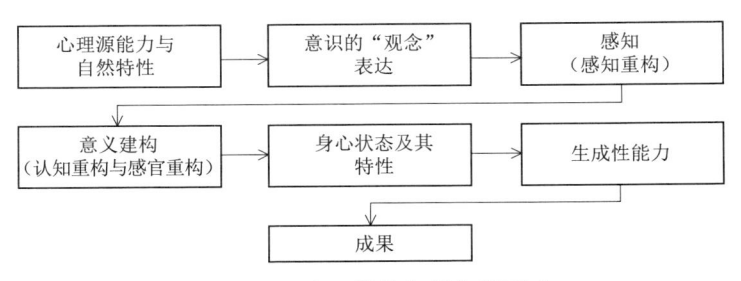

```
心理源能力与        意识的"观念"      感知
自然特性     →     表达         →   （感知重构）
    ↓              ↓
意义建构          身心状态及其       生成性能力
（认知重构与感官重构）→ 特性      →
                   ↓
                  成果
```

图 11-1　当下潜能与觉知涌现力

来源：© Brain Capital LLC.

　　总的来说，大脑帮助我们感知，我们是感知结果的接受者。因此，我们能否发挥影响力取决于我们如何定位自身觉知，以及如何有意识地选择对感知的解释。我们在每一个当下所能做的，是转换自己的视角，重新解释感官信号和线索，并重构对自身感知的理解方式。有意识的意义建构和我们采用的方法这两种变量，使得我们可以发挥影响力。但要做到这一点，我们需要能够调动自己有意识的觉知。理想情况下，我们需要习惯性地或有意识地训练觉知，以及训练将觉知的性质和当下的表达相联结的能力。对该能力似乎可做如下定义："当下时刻的潜能是我们每个人都拥有的一种觉知涌现力，该能力让觉知涌现出来，而觉知是了解我们内在性质的主要方式，这种内在性质是表达的介质和心理施动性的介质，不受环境影响。"在我提出的模型中，最重要的基础就是大脑运作时感知和情绪的工作方式，同样重要的是我们运用这些观点的能力——在这个过程中我们有机会接近我们能施加影响的对象。现在来回顾一下我们可以训练这个过程中的哪些部分和关键元素（见图11-2）。

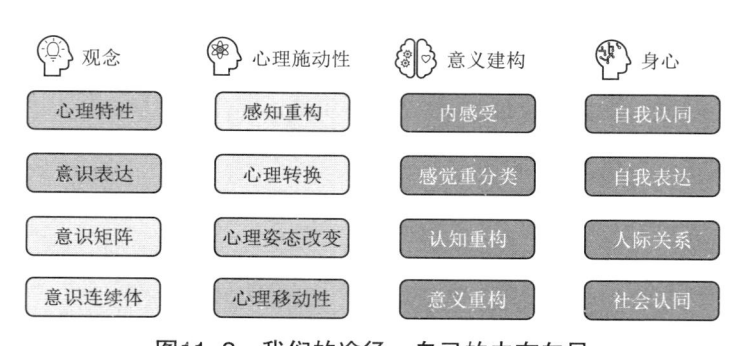

观念	心理施动性	意义建构	身心
心理特性	感知重构	内感受	自我认同
意识表达	心理转换	感觉重分类	自我表达
意识矩阵	心理姿态改变	认知重构	人际关系
意识连续体	心理移动性	意义重构	社会认同

图11-2 我们的途径：自己的内在向导

来源：© Brain Capital LLC.

我们的途径：自己的内在向导

我们尽力了解了我们可以在哪些地方影响自己。我们从感知的价值流和两个自我发现的角度第一次看到这一点，它们确定了我们在下述等式中影响力的最大之处："感知 + 解释 = 自己的现实"和"我们对自身有什么样的影响力"。在最基本的层面上，我们的觉知让我们有可能联系自身所处情境改变自己的视角、观点，并重构赋予自己思想、感觉和情绪的意义。我们有能力为自己的日常经历领航，我们这样做时可能伴随着不同程度的有意识觉知，也可能没有这种觉知。在这个过程中，我们可以决定向自己显露哪一类经历、对其的理解方式，以及通过学习、应用和反思向自己的心理看板（即知识仓库）中添加的内容。最后，我们还了解了一些创造内外部条件以促进觉知的方法。现在来回顾一下你内心向导的智慧源泉和资源库。

我们的观点、觉知和心理施动性

在觉知矩阵中，你了解了自己有什么样的有意识觉知能力，以及当你受或不受其影响时，自身体验的变量在对比之下会有何不同。你还了解到熟悉自身觉知的新方法，并在不同立场上展开实践，由此，你可以转换或重构你的多种觉知方式。在这种情况下，你开始窥探自己心理的内在性质及其表达，你甚至可能从未注意过这些——你要么是不曾想过去探查，要么就是这样做了却不知要探查什么。通过学习集中注意力和练习觉知的不同方法，你不仅拓展了自己有意识觉知的事物范围，还训练了自己对于感知内容的各种立场或观点。改变自己心理的能力是我们每个人可用的最根本的一种施动力，该能力不受内外部条件、所处环境的影响。我想不出还有什么比这更有效力、更有包容性的了。

觉知是你影响内在自我的最小公分母，是心理施动性的入口。做任何事，要想有意识地行动或是圆满完成任务，你自己的觉知是主要途径，也是重构认知和感知方法的必要因素。事实上，任何有意图之事都要依赖我们有意识觉知的参与。即便是未达到我们有意识觉知范围阈值的统计学习，也需要我们已有知识与经验的投入。你可能从来没有思考过自己施动力的来源，也没想过自己会通过这种方式在哪些方面具有影响力。

前文中你的重点被引向觉知的特性及其表达方式，这两者使得你能转换自己的观点与视角，它们不仅与身心状态相关，也与觉知相关。你发现，无论你是否作为观察者介入活动，你的觉知都在运作——通过自我-他者、主体-客体的参照系，这也是你感知现实的典型参照系。觉知矩阵蕴含的许多方式都能让你的觉知实现对观点的调整，这些观点能够被阐述为对连续统一体的表达，每个表达都具有心理的四个主要性质，在我们展开体验时，这些性质是相互依存的。我们的觉知具有众多性质，其中之一是，觉知可调动自身，也就是我们所说的"心理施动性"。我们的心理可以自行安定平静，可以在其范围内缩小或扩展注意力，可以集中专一或念念不忘，表现出来就是全神贯注或沉思。我们的心理也可以放开专注之物，解放自己。

因为我们会习惯性地倾向于将自己的觉知投射到除其自身以外的任何事物上，所以接下来自己预期的感知对象仍旧会支配性地影响我们。如果缺少对自身注意力的有意识引导，我们能有的只是大脑根据不断变化的内外部参数及条件所预想的视角。这种情况下，即使一切仍在各司其职（比如我们感知现实的惯性方式），也不一定有自觉性或目的性意识的参与——事实上，我觉得多数时候都没有。不过，一旦我们有意将自己从被动感知带进有意识觉知状态，我们就改变了自己的感知立场，也改变了随后可能发生的一切。也就是说，我们改变了视线和其他一切的轨迹：可见的路径，自己创造的意义，以及我们随后采取的行动。

意义重构

改变自己行动方式的另一个绝佳方法，是改变我们联结自己感知的方式，其中首个要改变的是我们对感知内容的解释方式。我们可以任意使用各种认知和感觉方面的重构技巧，以使意义建构重回自己的掌控。现在来回顾一下为重构自己创造的意义我们可使用的各种方法：

- 12个自我发现包括了认知和感觉的重构线索与技巧，这些线索和技巧帮助我们记住了与自身感知内容有关联的各种方式，促使我们摆脱可预测的解释习惯。
- 精益流程管理法：感知价值流程图、"五问法"、根本原因评估与对策制定，以及波卡纠偏。
- 利用内感受器感觉重新分类我们的身体感受：使用特定的语言和情绪概念来命名并描述自己在某一时刻的体验。
- 利用身心导图来揭示我们无意识使用的各种"专业智慧"的心理模式。通过揭示自己之前未看清的事物，我们可以有意识地改变对自身感知内容的理解方式。我们可以选择唤起有意识的存在方式的意义，而不是只通过自己的成长、社会影响和经历来解释我们的体验。

觉知到自己的信念、心态和潜在的心理模式，使得我们不仅在重构对当下情形的阐释时有了更多选择，而且在重构时能给出更灵活的应对行为。自我设问让我们能去设想新的潜能，这些潜能可能就是我们的未来。我们也可以选择完全改变或转换周围环境，迫使大脑根据新环境进行感知的意义建构活动。但即便我们这样做了，我们对新环境的感知和解释也有根本性影响。这些方法都需要我们在当下时刻具有自觉、有意图的觉知，觉知矩阵也展现了这一点。也就是说，我们要坚持运用这些不同的方法，直到将它们培养成如同我们习惯一般的第二天性，到那时，我们就会自然而然地运用这些方法，不需刻意进行。不过要记住，即便是习惯，也会为了适应我们所处的环境而改变，它不是静止不变的。因此，我们应对自身习惯所用的方法也必须有所改变。

我们的知识与经历

我们有能力改变自己心理看板的内容。心理看板是对贮藏在大脑中的知识和经历的隐喻。新的概念、新的经验、不同的思考方式，或是对已有知识更精纯的理解，都能让我们改变看板的内容。每一次扩展自己的知识和经验，我们就能影响到大脑对更深层次无意识元素的汲取，这是在感知过程中发生的。同样，我们能把扩展了的知识和经验与有意图的思维习惯结合起来，通过不同方式和心理模式，影响我们的选择。

我们的环境和幸福

最后,凭借各种内外部条件和行动的动力,我们可能以许多重要的方式来改变我们的环境。身心导图提供了许多方法,可以用于评估在我们追求的人生意义与人际关系方面当前所取得的成果。身心导图可用于确定自己可能出问题的部分,并提供方法,让我们明白如果自己不做出相应调整会带来的危害。在你学到的各种方法中,以下几种是主要的:

- 将自己在身心领域有关影响力的所有心理模式罗列出来,并留意你在生活中,何时何处可能依赖过时或未经审视的思维与存在方式。
- 在身心领域探究自身的习惯、态度和信念的潜在根源和它们对生活的影响。
- 了解自身的动机、需求、期望和行为偏好是如何影响我们与自己及他人的关系的。
- 确定自己的生活有哪些方面可能没按自己的步调展开,或与自己的意志不一致,并使用前面提到的多种方法去解决麻烦,创造条件,以使自己的生活回到正轨。同时要知道我们的幸福随时都在变动,永远不会是个定值。

衡量情绪智力意义的新范式

我建议，衡量情绪智力的意义，应从我们对自身的影响力开始，把重点放在我们为展现情绪智力而需做出的改变上。如果我们一开始从原因和条件的角度来觉知自己的内在性质和心理表达，那么我们就可以依靠当下可用的资源，根据周围环境，发挥自己的聪明和技巧来定义新范式。如果我们能发挥对自身的施动性，那么无论将结果称为"团队合作"或"激励性的领导力"，还是其他任何与人相处的情绪智力，都不如我们自己做好准备，面对每一个新情况都能做到随机应变，这才更加重要。例如，我们可以将爱心、关怀、同情和对他人幸福的关心注入自己与他人的互动中，并且由于我们是有觉知的，还能借此能力改变自己的心理态度、观点和我们创造的意义，因此我们可以根据任何情况，选择最适用的心理倾向和观点。

关键在于，我们要坚持一点：我们的练习内容能让我们产生实实在在的改变，而不是只做表面工作，或在我们有足够手段改变自己内心前就宣称自己已经有了成果。不过，人们就愿意这样做，不是吗？我们总是沉浸于想象事态未来的发展、自身将来的情形，以及所有事情的美好前景，却很少专注于当下的经验。我们喜欢制订计划，做好归类整理和安排事情，以让自己感觉更好。我们会想，如果自己这样做了，或者只要情况像这样发展，我们最终就会感到快乐、安全和舒心。但这只是一个幻想。如果我们没有练习应对自身的各种心理状态，特别是那些强势、顽固又毫无理由的心理状态，同时也没有习得一些有意识地建构意义的技巧，那我们何时才能看到内在的巨大变化呢？先做一个友善之人吧。成为一个好的朋友，做一个好的聆听者，不吝啬，不计较，别做一个以自我为中心的浑蛋。别把事情复杂化，如何？如果我们过度关注结果，而没有重视自己的内心，同时也没有能力在每一个新的时刻创造内在条件，从而失去自己唯一的机会，我们就很容易过度专注于特定结果，而错过了重点。我们要让结果固定、明确，而不是根据情况和动态的人际关系所需去呈现结果。

当然，我并不是说不能有抱负，或是不该有一个实现抱负的简要行动计划，只是说如果你不能好好应对自己的心理，不能好好对待你对每个新时刻的阐释，那你的任何蓝图都只是纸上谈兵。

在最根本的层面上，我们每个人要转变自己的感知方式，所能用的只有通过有意识的觉知习惯和觉知本身的灵活性。把这作为自己的练习重点，我们在任何情况下都可以借助这一方面，让自己头脑清醒，保持觉知，能够观察当下正在发生的事，以及如何最有效地与所有显现之物建立联系。

我们只要停下来看一看，就能发现我们早已具备自己所需要的东西。我们不需要"货比三家"，也不需要把情绪智力模型比较来比较去，我们需要的是"我的就是比别人的好"的心理态度。我们已经拥有用于指导、提示自己行动的所有资源，我们只需要训练自己灵活、有技巧地获得及使用它们。我们自身心理的特性与我们的生成能力或包容性、助益性的身心状态并无不同，前者就是对后两者的表达而已。我所说的"当下潜能与涌现力"其实是在说，只有当下时刻你才能影响，才能让自己的觉知成为你表达自己的品质与最深层潜力的载体。你可以在自身内部召唤自己的觉知。平时你通常都没把觉知当一回事，但它正是你的内在老师和内在向导，在你对自身及他人的感知进行审视、理解和回应时，它能为你提供相应的明智建议。正是由于自己的觉知，你才可能拥有施动性并使用它，这是有意识地或妥当地行动的第一步。

具有生成性与包容性的身心状态

如果把目光转向具有生成性和包容性的几种身心状态，我们就会发现，它们是从我们的心理特性和觉知表达中自然产生的，我们可以看到各种有利于我们与自己和他人相处的方式（见图11-3）。当我们实践自己拥有的不带偏见的感知立场，它必然会影响我们对正在展开之事的感官性与认知性的解释，这与我们从对立的态度——自然源于我们狭隘的自我立场——所产生的结果截然不同。在这样做时，我们也让自己有了一种不同的认识，这是不必被自我-他者或主体-客体的二元对立所束缚或限制的认识。我们默认这种不同的认识不是来自习惯，而是来自自身的功能构造。

广阔性	认知	存在	容纳力
思想开放	分辨与洞察	反思慎思	放松
视野宽广	认识能力	清晰冷静	镇定
全局意识	意识觉知	清醒敏锐	内省
目光长远	感知	自觉主动	内在引导
接纳包容	直觉	全身心专注当下	不偏执
灵活变通	智慧	明白透彻	调节适应力
避免观察者效应	情境敏感性	联想共鸣	

图11-3　具有生成性与包容性的身心状态

来源：© Brain Capital LLC.

具有必然性和情境特定性的心理立场

类似地，我们可以采取多种具有情境特定性的觉知立场，以达到或实现特定的成果或结局（见图11-4）。我们非常清楚，如果自己走极端，困于上述任何一种觉知立场，或是自己的觉知无法达到意识在场、保持清醒并能够觉察的状态，会造成什么结果。这些零碎浅显的观点，我们通过习惯就已经懂得差不多了。其中一些观点很可能正对应于情况所需，但也可能是我们错失其他优势的原因，这些优势落在自我-他者或主体-客体的二元立场之外。

广阔性	认知	存在	容纳力
视野狭窄	无觉察	投射/被吸引	定向思维
关注点狭隘	无意识	被动感知	活跃忙碌
心理活动	迟钝蒙昧	木讷混沌	外部环境导向
观察者效应	缺乏感知	无感知意识	固执
	无辨别力	思维模糊	随时应激
		迟钝缓慢	

图11-4　具有必然性和情境特定性的心理立场

来源：© Brain Capital LLC.

总而言之，我们自己的心理特性创造了让我们能觉知到的所有方式和可能的路径，还创造了自身觉知能包含的各种感知立场。最重要的一点是，我们要抓住自己日常生活中的每一个时机，来熟悉自身觉知提供给我们的各种视角，并学习在不同视角之间灵活转换，而这必须通过实践才能办到。我们必须提升自己的灵活度，调用自己的有意识觉知，才能开始其他的练习和策略。除了本书提到的，还有其他方法能够提升我们的技巧，或者帮助我们与自己的价值观保持一致。

"观察者"是错觉吗？

大多数人都会在两种感知状态间切换，一种是被动感知，另一种是认为人既是观察者，也占有着"自我"这栋"房屋"，这栋"房屋"由一个人的精神和身体组成，而我们更像是在临时照看着它。我们现在已经知道自己在那些只需要被动感知的活动上花了多少时间，还知道了我们在照顾自己的"房屋"时，有大量的功能和过程被完全忽略了。我们可以感知自己作为观察者的身份，同时这个观察者也能够认知并转换自己的观点，正如我们的感知具有施动性一样。它也有可能造成错觉，这一错觉的目的就是构建一个无缝的、精心安排的表象。虽然这是个重要的错觉，但因为"自我"充当着一个有凝聚力的界面，一方面联系着大脑维持人的生命活动所必需的结构复杂性，另一方面联系着我们认为总有"人"在掌控局面的印象感，更不要说我们代替着"某人"在发挥作用。

假如大脑没有产生表象，我们也还没有充分认识到在非二元觉知中如何持续放松自己，问题依旧存在，那么如何才能创造条件让自己清醒？通过自身暂时性的、功能性的显现将"自身"（self）具象化，我们就拥有了认识自己和他人的必要条件。正是在这种存在状态下，我们既能领略深奥、神秘的宇宙之美，也时不时地体验着因觉知到自己及他人的痛苦而产生的心碎。以开放的觉知和对自己及他人的温柔关怀来拥抱每一个新时刻，慢慢地，我们对自己和他人的习惯性心理立场便会不再那么根深蒂固而有所松动了。现在，我们称为"自身"的东西是我们用于表达的载体，我们可以通过它来体验觉知及其特性的内涵。

我常常想，似乎只有在一种具体的相互关系中，我们才有可能消除困惑，为自己和他人的利益努力，使这种关系成为与完善的自身认知能力相联系的主要方式。不要将之与完美——那是一种困于自我的、徒劳的努力——相混淆，我们所要寻找的是内在本有的完善、自然的美，以及虽然转瞬即逝却有真情实感的意义。有了这些，我们才能回归原点，重拾使命，寻找通向自己及他人的心路。虽说在见证和体验了与自身本性脱离的短暂喜悦和痛苦后，我们的心可能会豁然敞开，但我们只有将自己觉知的特性具象地体现出来，才能达成对自己及他人无条件的爱。

如果你承认这一点，并且这种无处不在的幻觉之下并没有什么观察者或自我在施展魔法，那么毫无疑问，进化的优势应该隐藏起来，至少在我们每个人都准备好不受观察者或自我的干预而去体验自己的本质之前是这样的。对于这个我们称为"人生及其使命"的实验，无论我们怎么想，都是必须面对的。无论它虚幻与否，我们都已参与。无论观察者是谁或是否存在，这个建构都是有效的。虽说这种构念可能是有限的，但不影响它对我们的作用，毕竟，我们别无选择。所以，只要我对心理施动性和有意识觉知能力的看法并非完全错误，以上所述就是我的认识，我坚信自己的认识。如果我们想要获得自己心理施动性的完全自由，就需要充分熟悉每一种能让自己具备觉知并在自然状态下完全放松的方式，并且还要有足够的练习。当我们用自己的觉知来转换自身视角时，我们与觉知对象的关系就会改变我们创造的意义轨迹与行动轨迹，这就是为什么实现自己的全部潜力对我们来说是如此重要。这里的潜力是指我们在当下觉知自身的潜力。

任何一个好的故事都不应该在结尾不向莎士比亚的剧作致敬，并附上一句名言："世事本无好坏，全看自己怎么想。"我真诚地希望你在读完这本书时，已经带走了至少一两块宝贵的智慧金砖，并砌入自己的见解中，你可以继续思考研究，同时将其运用于自己的生活。如果只是单纯地重复这一方法，希望你也能轻松了解自己在哪些方面有可能、有能力去影响结果，以及自己的觉知在该影响过程中的作用。至于怎样才算具备情绪智力，我相信它对你来说仍然是个有价值的问题。有了过去几年的经历，我确信，引入情绪智力的理论及模型去补足我们对情绪神经科学的理解，引导我们用具体的实践去体现情绪智力的无尽智慧，能给我们所有人带来益处。我认为调整我们的感知立场也很重要，调整对情绪智力的意义的感知，借此把自身情绪纳入更广泛的感知中。就我而言，我真希望自己能让你们所有人都对这方面有点儿基本了解。有缘再会。

注释

序言

1. 这里的关注方式指的是我们进行知觉和集中注意力的方式,该过程使用了我们大脑自身的意识和观察力。

第 1 章

1. 12 种潜在能力分别归属 4 个具体领域:自我觉知领域的能力有情绪自我意识;自我管理领域的能力有情绪平衡、适应能力、成就导向、积极的人生观;社会觉知领域的能力有共情和组织意识;关系管理领域的能力有影响力、指导和咨询、团队合作、冲突管理,以及鼓舞人心的领导气质。

2. 原文中的里奇(Richie)就是理查德·戴维森博士。

3.《正念》(*Mindful*)杂志中的一篇文章提到了理查德·戴维森,该文章是关于大脑冥想练习的可测量影响的。"我们在实验室进行的

一项研究表明，连续两周做每天一个半小时的冥想，足以让大脑发生改变。"（德勒汉蒂，2017）

4.莉莎·费德曼·巴瑞特谈论了三重脑模型的起源，她将该模型称作"人类生物学中最为盛行的错误概念之一"。巴瑞特解释说，该错误概念始于一个多层组成形态的人脑模型：最里面一层关系到我们的生存，中间一层是我们的感情系统（也被称为"边缘系统"），最外面一层则关系到我们所谓的理性和独特人类性质的大脑皮质。（巴瑞特，2017）

第2章

1.一段时间以来，我一直在提及我们情绪的效价和突显性，因为将人的情绪能量放进这些术语中思考，能让我理解其意义。当我去调查是否有任何关于该主题的科学研究时，发现不仅有，而且还有很多。以下是我在科学文献中关于该主题的发现："维度模型表明，理解情绪最好的方式是将其视为出现在一个维度空间里，通常是一个涵盖了效价和唤醒的二维空间。情绪效价描述了一种情绪的积极或消极程度，而唤醒则是指该情绪的强度，即相关情绪状态的强度。"（Feldman Barrett & Russell, 1999; Lang, Bradley, & Cuthbert, 1997; Russell, 2003, all cited in Citron et al., 2014）在此基础上，我根据理查德·戴维森关于复原力的一项研究，增加了速度和持续时间的维度。理查德在他的这项研究中谈到了我们从挫折中恢复的快速性，以及我们最初有多快或多容易掉入迷幻世界——上述为我的措辞，不是理查德本人的。

2. 直到读了《情绪》的最后一章,我才意识到这种现象在科学界被称为"情感现实主义"。(巴瑞特,2017)

3. "任何与你当下的身体预算密切相关的事物,都包括在你的情感空间里。"(巴瑞特,2017)

第3章

1. "令人惊奇的是,仅通过心理活动,我们就能有意识地改变自己的大脑。"(理查德·戴维森)

2. 我的老师秋吉尼玛仁波切(Chokyi Nyima Rinpoche)经常用这个比喻来形容学习佛法却从未实践或应用佛法的行为。

3. "红药丸"和"蓝药丸"的选择,指的是愿意服用红色药丸来了解可能令人不安或改变人生的真相,还是选择蓝色药丸,继续保持无知。这是1999年的电影《黑客帝国》中的一个场景。

4. 这句有些老生常谈的话受到维奥莱·法内(Violet Fane)法语诗的标题"Tout Vient a Qui Sait Attendre"的启发。

第4章

1. 埃弗雷特的多世界理论还假设存在其他世界的我们,而这些世界的我们又会体验其他世界的现实。我要感谢威廉姆斯学院的物理学教授威廉·伍特斯(William Wootters),他与我讨论了这个话题,并为我指出了我原本不熟悉的工作方向。

第 5 章

1. "情绪概念"这一术语来自莉莎·费德曼·巴瑞特的作品,描述了我们用来为自己的感受赋予意义的具体词语和概念,借以实现她所说的更好的"情绪粒度"。(巴瑞特,2017,p.105)

第 6 章

1. 虽然我在这里选择将"心理"(mind)、"觉知"(awareness)和"意识"(consciousness)作为同义词使用,但要知道它们在佛教哲学中有着细微而又非常重要的区别。例如,"sem"在藏语中是心灵的意思,通常是指混乱的心灵,但是在英语中,这个词没有这样的区别。

第 7 章

1. "Hit the Road, Jack"(上路吧,杰克)是一首由节奏布鲁斯艺术家珀西·梅菲尔德(Percy Mayfield)创作的歌曲,于 1960 年首次录制成无伴奏样带寄给阿特·鲁普(Art Rupe)。这首歌由创作型歌手兼钢琴家雷·查尔斯(Ray Charles)和 The Raelettes 乐队的主唱玛吉·亨德里克斯(Margie Hendrix)共同录制,从此成名。

第 8 章

1. 我在这里说"有可能"是因为我们的习惯取决于我们的内心状态和我们给予它们的外在支持。

2.牛顿三大运动定律:(1)在没有外力作用的情况下,运动(或静止)的物体保持运动(或静止);(2)力等于每个时间变化的动量变化;对于恒定质量,力等于质量乘以加速度;(3)作用力和反作用力总是大小相等,方向相反。(豪厄尔,2017)

致谢

一路走来，我感到幸运的是旅途中遇见了很多坚强的女性，她们是我的榜样。我妈妈是20世纪70年代为数不多的女工程师之一，她19岁丧偶，在把我养大的同时完成了她的两个博士学位的学习，一个是工程学，另一个是工业组织心理学，只是论文没有完成。感谢你这么多年来对我和我家人的慷慨帮助和巨大支持。多亏了你，我才有机会过上我现在有幸能过的生活。还有我的祖母格蕾丝，她是孜孜不倦地辛勤工作、心怀无与伦比的爱和慷慨的典范，是天主教菩萨（如果有的话）的代表。格蕾丝是我和我父亲的纽带，我在婴儿时期失去了父亲，她可以说是我和我的女儿索尼娅的第二个妈妈。格蕾丝很有可能是一生中亲手做了最多玉米饼的人——至少前10名。她去世时，我和我的两个姑姑戴安娜、诺玛守在床边，她离开时的状态如她的名字那般优雅。这个名字也看得出她度过了怎样的一生。另外，我的朋友简是一个真正懂我的人，了解我的复杂与纯粹，谢谢你那么懂我。在这个堪称我的基石的女性群体中，最后要提到的（但并非最不重要的）是我的女儿索尼娅，她在众多聪敏、目标导向的女性中占第四位，她用纯粹的才华和爱推动人们朝着新生活方式的方向前进，这是个不会毁灭我们星球的方向。我的三个儿子，丹尼尔、戴维和迪伦，希望你们不受世代流传的故事的束缚，而是要去发现和认同自己真实的一面，找到自己天然的觉知。致我的至爱们，不管你们的名字是否被提到，你们知道我说的是谁，我们今生曾经共舞。我衷心感谢你们每一个人，并对你们怀着无私、耐心和良善的爱意。此外，谢谢你，彼得，你是我的爱和我的后盾。

虽然除了生活本身和擦肩而过的旅伴，我还没有其他的教练，但我要提到从我20岁开始的一段持久的师生关系。我的老师，我欠您很多。谢谢您，最亲爱的仁波切，是您成就了我的今生。没有什么礼物能比您给的更好，您向我引介了一件很重要的事物，那就是我自己天然的觉知，这改变了我的一生。希望我和大家都可以认识真正的自己，这种智慧让我们保持心态稳定。此外，深深感谢我的同道、同事、家人和朋友，你们的善意一直是我的支柱，在可怕、令我困惑的路途中给我留下面包屑线索，而在另一端等待我的是你们的支持和友谊的拥抱。就像我能想象出的最松软的棉花糖，你们的保护让我免受生活的打击，让我在有更多爱的地方安全着陆。在无条件的爱与包容的心灵壁炉边，我会为你们每一个人留出空间。

译者后记

《内在探索》是一本科普类心理学读物。这本书从习惯的内在本质入手，探讨习惯的改变，分析偏见的形成，通过"12个自我发现"阐述我们有能力对内心及周围环境的某些方面产生直接或间接的影响。同时，本书认为认知与思维的练习可以影响人们的思维习惯，打破行为惯性，在"身心合一"中体验幸福。该书有助于读者提升自己的觉知和洞察力以发展自身潜力，最终成为自己所思所感的受益者。

这本书延续了对情商的研究，书中既有清晰的科学图示，也有生动诙谐的生活实例和管理学术语，它巧妙地将心理科学与日常行为联系起来，为我们打开了一个新的世界。但此书的翻译对我来说也是个艰巨的任务，它既要求译文有可靠的语言质量，还要准确输出相关专业信息，翻译过程中尽量减少信息流失与误读，以实现翻译的意义。好在有来自重庆理工大学外国语学院的张绍全院长、周锐书记、赵红梅副院长、黄斌副院长及各位同事的支持,他们为书稿的翻译工作提供了极大的便利。

同时,感谢我的两位四川外国语大学的研究生刘钰和何蕴娆,她们在翻译过程中给了我很多实际的帮助。

最后,感谢中信出版社编辑们给予的专业建议,让本书能以更好的面貌呈现给读者,你们是本书最终能够与大家见面的有力推动者和支持者。谢谢你们。